国家电网有限公司
STATE GRID
CORPORATION OF CHINA

EV 电动汽车充换电设施建设运营
问答丛书

电动汽车充换电设施

运维管理

国家电网有限公司营销部 编

U0658045

中国电力出版社
CHINA ELECTRIC POWER PRESS

内 容 提 要

本书为国家电网有限公司电动汽车充换电设施建设运营问答丛书之一。

本书分为四章，第一章为充换电设施运行业务，介绍了运行工作的组织、一般要求、运行管理等内容；第二章为充换电设施巡视业务，介绍了巡视工作的组织、一般要求、车联网平台巡视管理以及巡视问题的处理方法等内容；第三章充换电设施检修业务，介绍了检修工作的组织、一般要求、车联网平台检修管理以及常见故障及处理方法等内容；第四章为充换电设施运行安全管理，介绍了安全管理的基本要求、安全设施的管理以及充电操作中的安全注意事项等内容。

本书适用国家电网有限公司下属单位从事电动汽车充换电服务网络建设运营的市场营销人员、客服人员、营业人员等相关人员使用。

图书在版编目（CIP）数据

电动汽车充换电设施运维管理 / 国家电网有限公司营销部编 . —北京：中国电力出版社，2018.4（2018.10重印）

（国家电网有限公司电动汽车充换电设施建设运营问答丛书）

ISBN 978-7-5198-1818-0

Ⅰ.①电… Ⅱ.①国… Ⅲ.①电动汽车－充电－基础设施建设－运营管理－中国－问题解答 Ⅳ.① U469.72-44 ② TM910.6-44

中国版本图书馆 CIP 数据核字（2018）第 043139 号

出版发行：中国电力出版社
地　　址：北京市东城区北京站西街 19 号（邮政编码 100005）
网　　址：http://www.cepp.sgcc.com.cn
责任编辑：杨敏群（010-63412531）　　王冠一
责任校对：黄　蓓
装帧设计：赵姗姗
责任印制：蔺义舟

印　　刷：北京瑞禾彩色印刷有限公司
版　　次：2018 年 4 月第一版
印　　次：2018 年 10 月北京第二次印刷
开　　本：880 毫米 ×1230 毫米 32 开本
印　　张：4.75
字　　数：108 千字
定　　价：26.00 元

编写组

前　言

　　加快发展电动汽车是党中央、国务院作出的重大决策部署，对于推动能源生产与消费革命，落实供给侧结构性改革、发展战略性新兴产业，具有十分重大的意义，是打赢蓝天保卫战、让人民生活更美好的重要保障。近年来，国家电网有限公司全面贯彻党中央、国务院决策部署，主动承担央企责任，加强充换电设施配套电网建设，建成全球覆盖范围最广、接入充电桩数量最多的智慧车联网平台，创新建立了具有自主知识产权、技术领先的中国充换电标准体系，规范和引领我国充换电设施快速发展。截至2017年底，累计建成充换电站6000余座、充电桩5.6万台，建成"九纵九横两环"高速快充网络，有力促进了我国电动汽车产业发展。

　　随着电动汽车充换电服务网络规模快速增长，对充换电设施建设运营工作提出了更高要求。为进一步提升充换电设施建设运营水平，国家电网有限公司营销部组织国网北京、天津、河北、冀北、山东、上海、江苏、浙江、福建、湖北、四川电力公司，国网电动汽车公司、南瑞集团、许继集团等单位及有关专家，总结建设运营实践经验，针对实际工作中经常遇到的问题，编写了"电动汽车充换电设施建设运营问答丛书"。本丛书共分4册，分别为《电动汽车充换电设施建设管理》《电动汽车充换电设施运维管理》《电动汽车充换电服务管理》和《电动汽车充换电关键技术》，希望能够对从事充换电设施建设运营工作的相关人员提供有益的参考。

本书为《电动汽车充换电设施运维管理》，共分为四章：第一章充换电设施运行业务，主要介绍充运行业务的组织、运行业务的一般要求、运行管理、标志标识、充电操作；第二章充换电设施巡视，主要介绍巡视工作的基本要求、车联网平台巡视管理、巡视问题处理方法；第三章充换电设施检修，主要介绍检修工作的基本要求、车联网平台检修管理、常见故障原因及处理方法；第四章充换电设施运行安全管理，主要介绍安全管理的基本要求、安全设施的准备和使用、充换电操作中的安全注意事项、紧急救护注意事项。

鉴于时间和水平所限，本书疏漏之处在所难免，恳请读者批评指正。

编者

2018年4月

目　录

第二章　充换电设施巡视业务

第三章 充换电设施检修业务

附录　充电桩常见故障代码及处理方法

第一章

充换电设施运行业务

第一节　充换电设施运行业务的组织

⊙ 1. 国家电网有限公司电动汽车充换电网络及车联网平台运行维护管理业务主要包括哪些内容?

国家电网有限公司电动汽车充换电网络及车联网平台运行维护管理业务主要包括:充换电设施的运行监控、故障抢修、巡视检查、设施检修和工单流程管控,车联网平台(含e充电APP)的运维管理,以及电动汽车充电卡的管理工作。

⊙ 2. 国家电网有限公司电动汽车充换电网络运维管理部门、单位的职责是什么?

国家电网有限公司营销部、各省电力公司(以下简称省公司)、地(市、州)供电公司营销部是公司充换电网络运维的归口管理部门,国网电动汽车服务有限公司(以下简称国网电动汽车公司)、国网电动汽车公司与省公司合资设立的省(自治区、直辖市)电动汽车服务公司(以下简称省电动汽车公司)及其下设的地市分公司受托承担充换电网络的专业化运维。国网客服中心负责通过95598电话与95598网站受理电动汽车客户的服务诉求。参与或受托处理重大服务事件。

⊙ 3. 国家电网有限公司电动汽车充换电网络各级运维管理部门、单位具体分工分别是什么?

国家电网有限公司(以下简称国家电网)电动汽车充换电网络运行维护工作由承担充换电网络运维服务管理和具体业务实施的各级

单位负责，具体职责分工如表1-1所示。

表1-1
国家电网电动汽车充换电网络运行
维护工作各单位职责分工

具体单位	主要职责
国家电网营销部	负责制定国家电网充换电网络运维模式、运维业务规则；负责组织开展充换电网络运维情况统计、效益分析；负责对省公司及国网电动汽车公司充换电网络运维工作的监督、考核与评价；负责组织充换电网络运营安全事件的调查、分析工作；配合国家电网财务部研究制定充换电服务价格机制，制定清分结算规则
国网电动汽车公司	负责国家电网充换电网络运维工作的专业化管理。负责承担国家电网充换电网络运维模式的具体研究工作，开展运维情况统计、效益分析、运维业务规则编制，提出运维优化建议；负责国家电网智慧车联网建设和运营，承担国家电网充换电网络的运营监控，受托对省公司充换电网络运维工作进行监督、考核与评价，提出考核建议；负责开展与省公司充换电服务费的清分结算工作；参与或受托开展充换电网络运营安全事件调查、分析工作
国网客服中心	负责通过95598客服电话与95598网站受理电动汽车客户的服务诉求。参与或受托处理重大服务事件
省公司营销部	负责制定本单位运维业务实施细则，组织开展本省充换电网络的运维检修和营业服务工作；负责组织开展本省充换电网络的运维情况统计、效益分析，提出运营优化建议；负责对本省充换电网络运维工作的监督、考核及评价；负责本省充换电网络运营安全事件的调查、分析工作；负责研究本地区充换电市场形势，配合省公司财务部动态调整充换电服务价格；负责组织开展省内充换电服务费的清分结算工作
省电动汽车公司	受托开展本省充换电网络运维检修、营业服务、省内清分结算等工作；受托开展本省充换电网络运维情况统计、效益分析，提出运营优化建议
地市供电企业营销部	已成立省电动汽车公司的，地市营销部负责本地市充换电网络运营工作的监督及评价；未成立省电动汽车公司的，地市营销部负责本地市充换电网络运维检修、营业服务和运营情况统计、效益分析等工作

⊙ 4. 充换电设施运行维护业务若采用业务外包，需注意哪些事项？

充换电设施运行维护业务若采用业务外包，应重点从健全考核机制、加强业务培训、强化安全管理等方面做好相关工作。

（1）建立健全业务管理考核机制。委托单位应针对外包业务内容提出明确的管理要求，建立相应的考核制度，确保被委托单位熟悉业务内容、工作要求。被委托单位应建立职责明确、执行有力的运营组织架构，配备专业化人员，满足电动汽车充换电设施运维的专业化要求。

（2）加强业务培训。运维单位应组织开展业务培训，确保运维工作人员掌握必备的工作技能，提高充换电设施运维水平。

（3）强化安全管理。充换电设施运维单位应建立健全安全制度，针对充换电设施运维业务工作特点，制定有效的安全管理制度和应急预案，强化运维人员安全意识，保障充换电设施运维工作中的人身、设备安全。

第二节　充换电设施运行业务的一般要求

⊙ 5. 充换电设施运维人员在着装方面应符合哪些要求？

（1）充换电设施运维人员上岗时应穿全棉长袖、长裤工作服，禁止穿着化纤衣物。

（2）充换电设施运维人员应按规程穿防护鞋、戴手套，禁止穿拖鞋、高跟鞋，禁止留长发。

（3）充换电设施运维人员在操作、修试、安装工作中应将衣服的纽扣（含袖口）扣好，禁止将袖口、裤腿卷起。工作服不应有可能被转动机械绞住的部分。

⊙ 6. 国家电网有限公司充换电设施运维值班人员的主要工作内容及注意事项是什么？

（1）充换电设施运维人员必须按有关规定进行设备原理、使用、维护等知识的培训、学习，经考试合格以后方能上岗值班。

（2）值班人员应穿着统一的值班工作服并佩戴值班岗位标志。

（3）值班人员在当值期间，不应进行与工作无关的其他活动。

（4）值班人员在当值期间，要服从指挥，尽职尽责，完成充换电设施的运行、维护和管理工作。值班期间进行的各项工作，应做好记录。

（5）值班人员不得擅自变更值班方式和交接班时间。

⊙ 7. 国家电网有限公司充换电设施运维交接班的主要内容及注意事项有哪些？

国家电网各级充换电设施运维单位交接班时，交班人员应向接班人员做好以下相关内容的交接：当班工作情况、设备运行情况及未完成的工作；当值充换电运行相关记录；设备发生的异常、缺陷、事故处理及检修情况；上级对安全管理方面的部署和要求；充换电设施维护工作情况；充换电站的环境卫生。

接班人员应重点查阅上一个运维工作人员的各种记录；检查运行监控设备运行正常；检查各种信号、信息是否正常；检查室内外卫生。

充换电设施运维单位在下列情况下不得进行或应停止交接班工作：①在处理故障时，不得进行交接班；②在交接班过程中发生故障，应停止交接班，由交班人员负责处理，接班人员可在交班班长指挥下协助工作。

⊙ 8. 充换电设施运维单位应怎样建立信息报送制度？

充换电设施运维单位应建立有效的信息报送制度，遵循真实、及时、完整的原则，运维人员按相应流程认真填写报送信息内容，不得提供虚假信息或者隐瞒事实。建立信息报送制度时，应明确规定站别、信息类别、信息主要分项、信息内容、报送时限、信息处理流程、信息报送流程、信息报送方式等内容。按照报送信息类别划分，可将报送内容归类为日常运营信息、缺陷及异常信息、故障信息、应急事件信息、客户意见反馈等，针对每一类别信息建立相应的报送渠道和处理机制。

⊙ 9. 充换电设施运行记录应符合哪些要求？

充换电设施运行记录应符合资料齐全、存放得当、有序完善及格式规范等方面的要求，具体包括：

（1）充换电设施应具备各类完整的记录。包括设计、施工、验收、投运等建设全过程资料以及投运后的运营记录等。

（2）各种记录至少保存一年，重要记录应长期保存。运营管理单位应设置专门档案柜存放充换电设施档案资料，确保资料保存完好。

（3）充换电设施可以根据生产实际情况，逐步添加、完善有关记录，确保充换电设施档案资料的完整性。

（4）各种记录按格式要求填写，并保证清晰、准确、无遗漏。

⊙ 10. 通过计费控制单元接入车联网平台的直流充电桩运行过程中屏幕可显示哪些信息？

计费控制单元（以下简称TCU）接入的直流充电桩运行过程中屏幕主要显示充电监控、费用信息、设备信息、电池信息等界面，具体内容如下：

（1）充电监控界面。主要显示充电过程中最基本的信息，包括当前充电电量、充电费用、充电电流、充电电压。

（2）费用信息界面。主要显示充电过程中的充电电量和充电金额的分时段信息，包括尖、峰、平、谷四个时段发生的电量和金额明细。

（3）设备信息界面。主要显示当前充电桩的位置信息（经纬度、高度）、校验码、版本号（TCU版本），并在界面右侧显示二维码形式的资产码，以便于运维人员现场使用。

（4）电池信息界面。主要显示当前充电电动汽车电池的运行状况，包括允许充电电流、允许充电电压、额定电压、最高单体电压、最高允许单体电压、最高测量点温度等信息。

⊙ 11. 现场充电服务人员有哪些操作注意事项？

（1）按键操作时不要用力过大，严禁用硬物涂刮充电机外壳和液晶屏。

（2）充电过程中不要靠近变压器和充电机设备，禁止在充电过程中突然断开电源或负载电源插头。

（3）充电机属于大功率设备，主要依靠强制风冷散热，充电时应确保其周围通风正常，并定期检查风扇是否正常工作。

（4）如遇雷电、大雨等恶劣天气，为保证充电人员和设备安全，建议停止充电。大雨天气之后充电，因空气湿度较大，宜将充电机先接通电源，待机工作一段时间后再开始充电。

（5）密切监控充电设备的运行状态，包括充电电流、充电电压和电池温度等信息，关注单体电池电压变化情况。

（6）电池充电接近饱和后电压上升较快，应密切观测电池荷电量（State of Charge，以下简称SOC）变化情况，充电时若发现充电机内部响声异常、电流电压显示异常、充电机内有不正常气味或烟雾产生、液晶显示异常以及各信号指示灯显示异常、电流电压显示异常等现象，应立即停机处理，以免造成更多的元器件损坏。同时，应记录故障情况，并及时反馈给工作人员，待相关人员处理。

（7）现场发生故障时，严禁非专业人员拆开充电机。为避免充电机电容剩余电荷危及人身安全，发生故障后请勿立即拆开充电机，维修时应做好防静电措施。

（8）充电服务人员应注意保持现场环境卫生，严禁在充电机或充电桩上堆放杂物，充电现场应配备相应的灭火器材。

第三节　充换电设施的运行管理

⊙ 12. 充电设施有哪些运行状态？

一般而言，充电设施运行状态有充电、待机、离线及故障状态，详细说明如下：

（1）充电状态。充电设施正在运行，输出功率。充电状态下，充电指示灯闪亮。

（2）待机状态。充电设施处于待机状态，与控制后台连接稳定，可以随时通过三种充电方式启动充电桩。待机状态下，电源指示灯常亮。

（3）离线状态。充电设施与控制后台连接断开，但可以通过线下方式（刷电动汽车充电卡）启动充电桩。

（4）故障状态。充电设施由于各种原因发生故障而无法启动。故障状态下故障指示灯亮。

⊙ 13. 充电设施的故障等级是如何定义的？

充电设施的故障等级可分为一般故障和严重故障两类：

（1）一般故障，是指不影响充电的情况。

（2）严重故障，是指设备由于部分硬件损坏或软件异常造成设备不能使用，无法充电的情况。

⊙ 14. 充换电设施的缺陷按照严重程度可以分为哪几类？

充换电设施按缺陷程度可分为危急、严重、一般缺陷三类：

（1）危急缺陷，是指充换电设施发生了直接威胁安全稳定运行，需立即处理的缺陷。

（2）严重缺陷，是指对人身或设备有严重威胁，暂时尚能坚持运行，但需要尽快处理的缺陷。

（3）一般缺陷，是指危急、严重缺陷以外的设备缺陷，指性质一般、程度较轻，对充换电设备安全运行影响不大的缺陷。

⊙ 15. 什么是充电桩的停运、复投和退运，相应的管理流程分别是什么？

停运和复投指充电桩因设备故障等原因暂时停止服务和恢复服务的过程。具体管理流程如下：

（1）地市公司设施综合管理员填写停运申请表，提交至省公司业务负责人进行审核。

（2）审核通过后，省公司业务负责人将盖章后的停运申请表提交至平台业务负责人进行审核。

（3）平台业务负责人将审核通过后的停运申请表交给平台值班人员，对充电桩进行状态维护。

（4）平台值班员将充电桩状态维护完毕后，通知地市检修管理员进行现场停运工作，并将停运信息报送至国家电网客户服务中心。

（5）地市检修管理员收到通知后，应在现场张贴故障停运公告。

（6）充电桩停运相关工作结束后，地市检修管理员向省公司负责人提交复投申请。

（7）省公司负责人将审核通过后的申请表交给平台业务负责人进行审核，平台业务负责人把通过审核的申请表交给值班员，对平台内对应的充电桩进行状态维护。

（8）平台值班员将充电桩状态维护完毕后，通知地市检修管理员进行现场复投工作，并将复投信息报送至国家电网客户服务中心。

（9）地市检修管理员收到通知后，应在现场清除故障停运公告。

（10）对于需要延期复投的充电桩，地市检修管理员应重新填写停运申请单，并履行停运申请流程。

充电桩退运是指充电桩由于拆除、易址等，退出运行，不再恢复。具体管理流程如下：

（1）地市公司设施综合管理员填写退运申请表，提交省公司业务负责人进行审核。

（2）审核通过后，省公司业务负责人将盖章后的停运申请表提交至平台业务负责人进行审核。

（3）平台业务负责人将审核通过后的停运申请表提交至国家电网营销部负责人审核，审核通过后交由平台值班人员，对充电桩进行状态维护。

（4）平台值班员将充电桩状态维护完毕后，通知地市检修管理员进行现场退运工作，并将退运信息报送至国家电网客户服务中心。

充电桩停运/退运流程如图1-1所示。

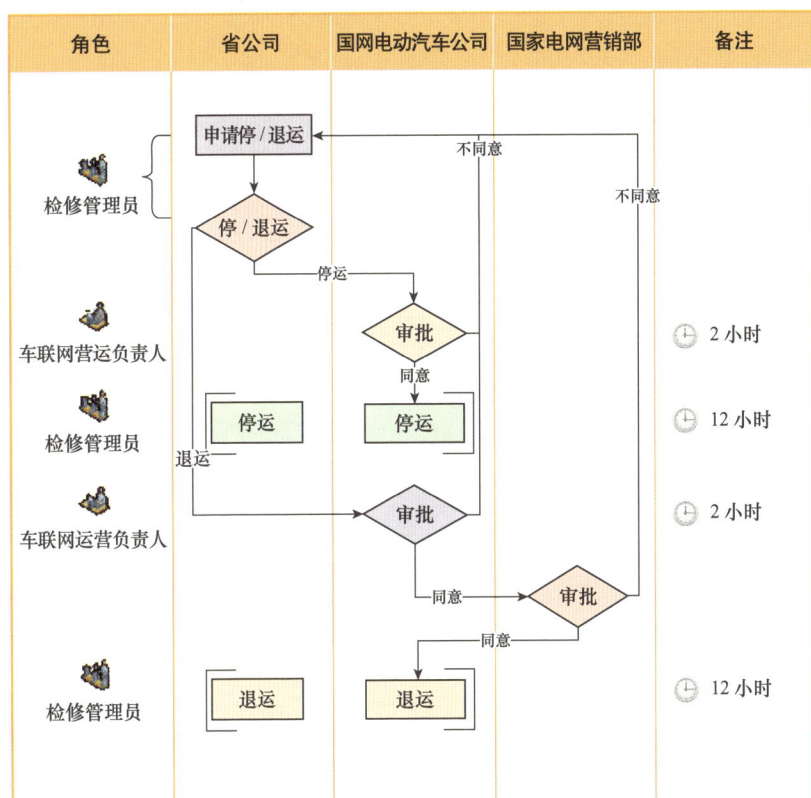

图1-1　充电桩停运/退运流程

充电桩复投流程如图1-2所示。

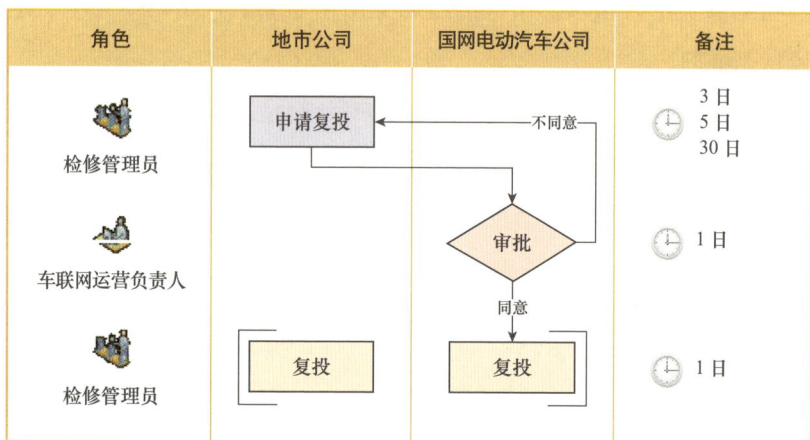

角色	地市公司	国网电动汽车公司	备注
检修管理员	申请复投	←不同意	🕐 3日 5日 30日
车联网运营负责人		审批	🕐 1日
检修管理员	复投	同意 复投	🕐 1日

图1-2　充电桩复投流程

⊙ 16. 哪些情况下可以申请充电桩停运？

根据《国家电网公司电动汽车充电网络及车联网平台运维管理工作指南（试行）》，遇到以下情况，地市公司可进行停运申请：

（1）执行充电桩检修任务前。

（2）抢修工单派发后2小时内无法完成处理的故障充电桩。

（3）因配电设备或线路检修造成充电站无法对外服务的情况。

（4）因极端恶劣天气造成充电站无法对外服务的情况。

（5）其他外部原因造成充电站无法对外服务的情况。

⊙ 17. 充电桩停运申请单应包括哪些内容？

根据《国家电网公司电动汽车充电网络及车联网平台运维管理工作指南（试行）》，充电桩停运应填写停运申请单，停运申请单中应包含以下内容：

（1）停运原因。

（2）停运充电桩编号、所属站点名称。

（3）申请停运时间。

（4）计划复投时间。

充电桩停运申请单详见表1-2。

表1-2　　　　　　　　　　充电桩停运申请单

充电桩停运申请单
国网电动汽车服务有限公司运营监控中心： 　　因××原因，申请停运××电动汽车充电站站内充电桩： 　　（充电桩编号）   　　申请停运时间： 　　计划复投时间：   　　　　　　　　　　　　　　　　申请单位：（盖章） 　　　　　　　　　　　　　　　　　　　年　月　日

⊙ 18. 充电桩停运的时限要求是什么？

根据《国家电网公司电动汽车充电网络及车联网平台运维管理工作指南（试行）》，充电桩停运的时限要求如下：

（1）因充电桩、配电设备或线路检修原因停运的，停运时限不应超过检修计划时间。

（2）因故障处理无法按时限完成停运的，停运时限应不超过5个工作日。

（3）因极端恶劣天气停运的，停运时限应不超过3日。

（4）因其他外部原因停运的，停运原因里应包含该原因预计影响的时间。

◉ 19. 运行集中监控有哪些功能？

运行监控系统用于监控车联网平台整体运行的各项信息，主要包括充换电设施状态监控、故障实时告警、故障工单派发。

充换电设施状态监控：按全国、省、地市、站、桩五级进行监控，监控充电设施的状态信息，包括充电设施的空闲、离线、故障、正在充电、充电完成状态显示，设备信息等。

故障实时告警：查看用户所在地区内所有充换电设施的告警信息及故障状态。

故障工单派发：显示充电桩故障信息，系统自动生成工单，可以将其派发给相应的运维人员。

◉ 20. 如何使用运行集中监控充电设施？

选择运行集中监控模块，进入充电设施监控界面。如图1-3所示。

图1-3　运行集中监控功能入口

进入运行监控系统界面中选择【全国】按钮，运行监控系统界面如图1-4所示。

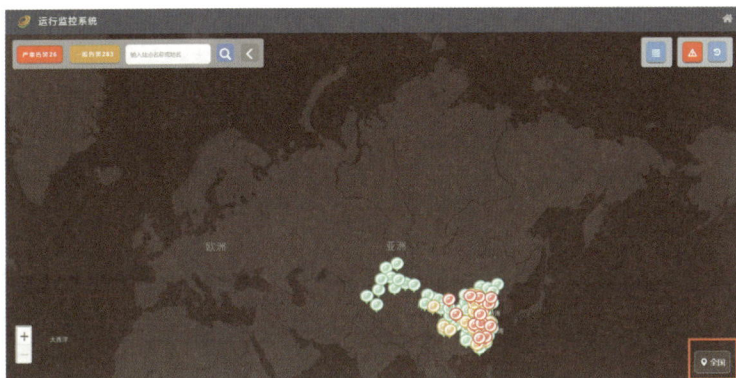

图1-4 运行监控系统界面

右侧信息栏中当前位置显示充电设施总数量、故障数量以及离线数量，以上数据以分省形式进行显示。选择右侧省公司名称，进入地市级监控，逐级展开，监控各级充换电设施。分省监控界面如图1-5所示。

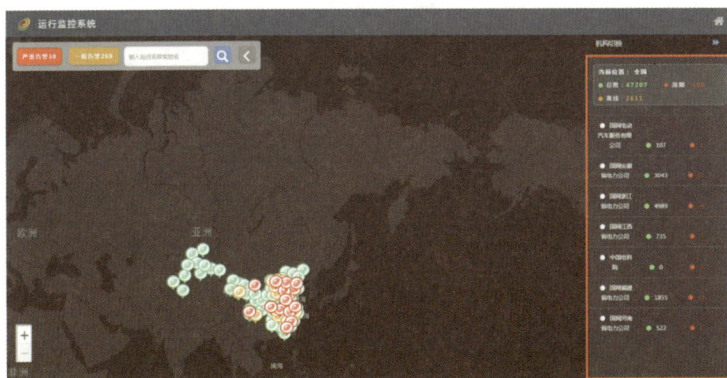

图1-5 分省监控界面

选择运行监控系统界面中的【严重告警】按钮，地图中会显示出具有严重告警状态的充换电设备站点，如图1-6所示。

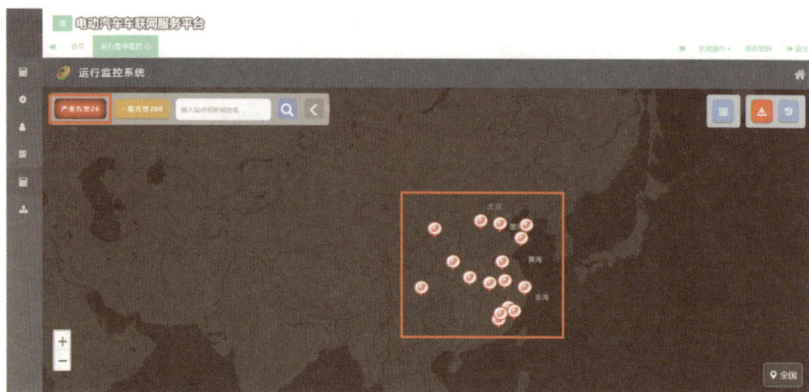

图1-6　严重告警功能展示

选择运行监控系统界面中的【一般告警】按钮，地图中会显示出具有一般告警的充换电设施设备站点，如图1-7所示。

图1-7　一般告警功能展示

选择运行监控系统界面中的【搜索】按钮，在地图中会显示满足筛选条件的相应站点，如图1-8所示。

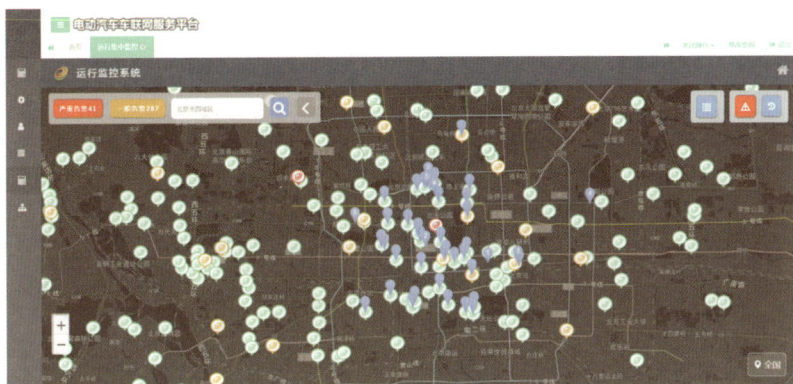

图1-8　搜索功能展示

选择运行监控系统界面中的【站列表】按钮，如图1-9所示。

图1-9　站列表功能入口

进入充电站列表界面。选择【查看详情】按钮，进入站级监控界面，如图1-10所示。

图1-10　站列表功能展示

进入站级监控界面，列表中显示设备实时状态，分别为：空闲、离线、故障、正在充电、充电完成。充换电设备列表如图1-11所示。

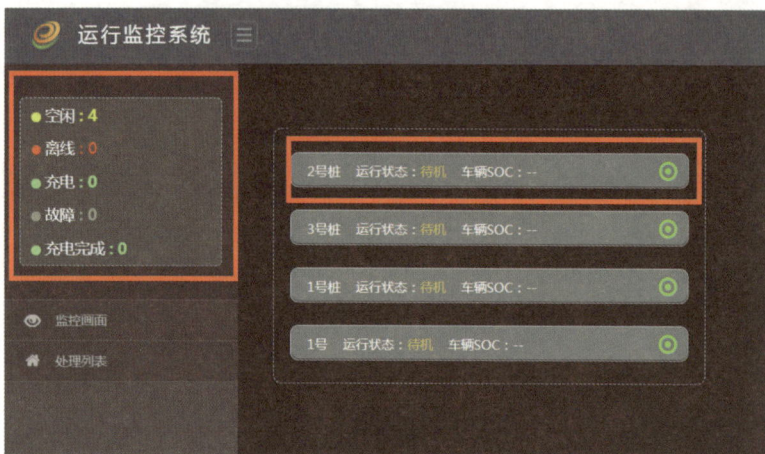

图1-11　充换电设备列表

选择一个充换电设备，可显示此设备的故障信息、充电信息、设备信息、参数信息。充电设施信息如图1-12所示。

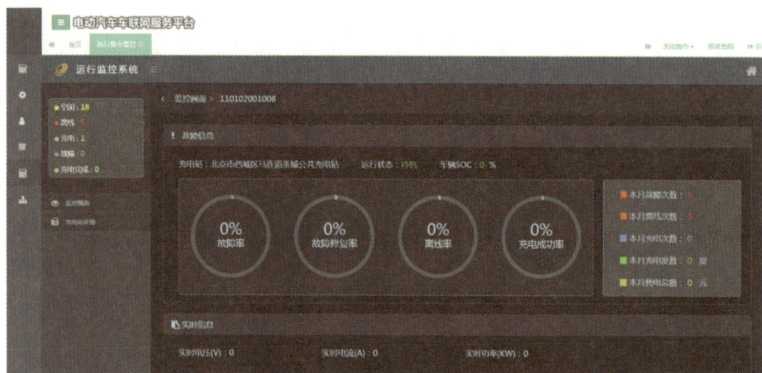

图1-12　充电设施信息

选择运行监控系统界面中的【实时告警】按钮，如图1-13所示。

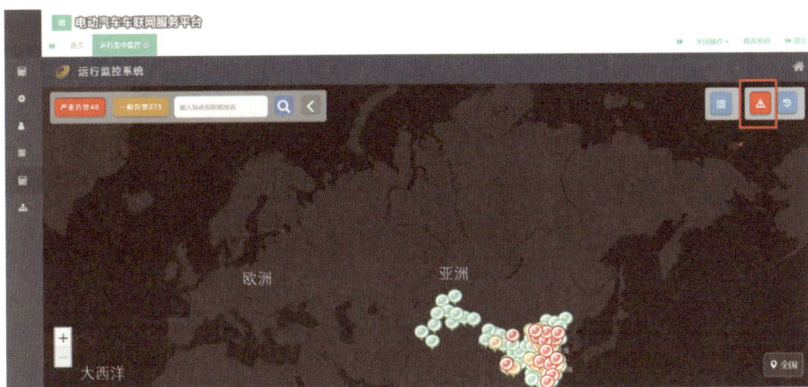

图1-13　实时告警功能入口

进入实时告警界面，如图1-14所示。

图1-14　实时告警界面

双击充电设施告警记录，可以查看此条记录详细信息，如图1-15所示。

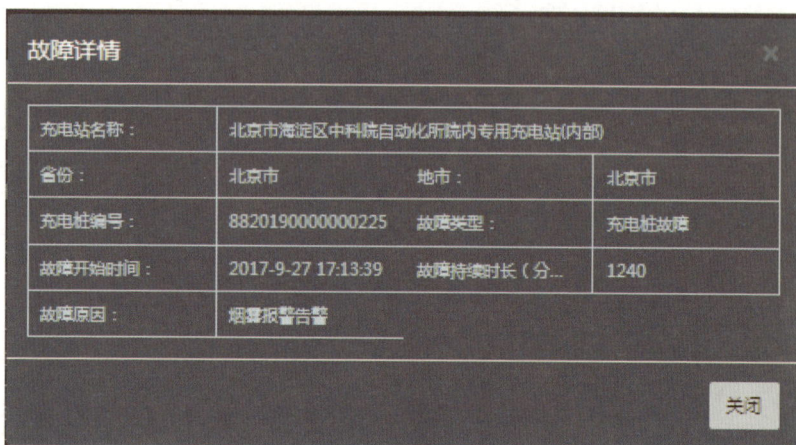

故障详情			✕
充电站名称：	北京市海淀区中科院自动化所院内专用充电站(内部)		
省份：	北京市	地市：	北京市
充电桩编号：	8820190000000225	故障类型：	充电桩故障
故障开始时间：	2017-9-27 17:13:39	故障持续时长（分…	1240
故障原因：	烟雾报警告警		

关闭

图1-15　充电设施信息窗口

选择运行监控系统界面中的【历史告警】按钮，进入历史告警查询界面如图1-16所示。

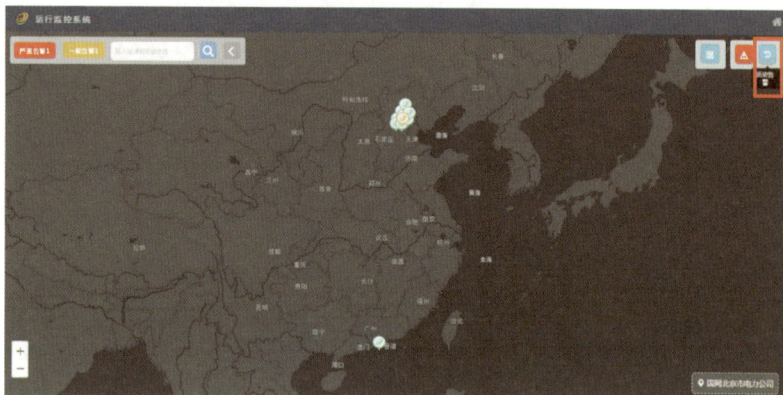

图1-16　历史告警查询界面

在搜索框中输入筛选条件，选择【搜索】按钮，会显示出满足条件的告警信息。选中需要导出的数据，选择【导出】按钮，即可导出数据，如图1-17所示。

图1-17　历史告警界面

⊙ 21. 如何派发故障工单？

运行监控系统会对充电设施上传的状态信息进行判断，故障时间持续超过1个小时、离线超过30分钟或在1个小时内离线4次，系统自动派发抢修工单。

故障工单派发时，左侧选中故障工单，选择【派发】按钮，完成派发，如图1-18所示。

图1-18　派发故障工单演示

故障工单派发完成后，生成故障工单编号，如图1-19所示。

图1-19　生成故障工单编号界面

派发完成的故障工单可通过【派发】【处理】【办结】按钮查看故障工单状态。故障工单池入口如图1-20所示。

图1-20　故障工单池入口

第四节　充换电设施的标志标识

⊙ 22. 充换电设施的图形符号有哪些？

根据GB/T 31525—2015《图形标志　电动汽车充换电设施标

志》，电动汽车充换电设施的图形符号主要有四种：充换电、直流充电、交流充电、电池更换。

充换电设施图形符号及其含义、使用说明见表1-3。

表1-3　　　　　充换电设施图形符号及其含义、使用说明

序号	图形符号	含义	说明
1		充换电	表示为电动汽车提供充换电服务的场所，如：充换电站、充电站、换电站等，亦可表示充换电功能用于道路上或充换电站、充电站、换电站等位置
2		直流充电	表示为电动汽车提供直流充电服务的场所或设备，如：直流充电处、直流充电区、直流充电桩等，亦可表示直流充电功能。 一般不用于道路上
3		交流充电	表示为电动汽车提供交流充电服务的场所或设备，如：交流充电处、交流充电区、交流充电桩等，亦可表示交流充电功能。 一般不用于道路上
4		电池更换	表示为电动汽车提供电池更换服务的场所，如：电池更换处、电池更换区等，亦可表示电池更换功能。 一般不用于道路上

◉ 23. 充换电设施现场的充电操作引导标志标识应如何设置？

为提升充换电服务水平，为客户提供准确、贴心的充电提示信息，国家电网统一制定了充电站现场的充电操作引导标志标识，涉及客户从停车、插枪、充电到结算、拔枪、离站的一系列动作。国家电网充电站现场充电操作标志标识如图1-21所示。

序号	图形符号	序号	图形符号
1	 停车 P	5	 充电
2	 连接	6	 结算 ¥
3	 读卡 ↑	7	 出站
4	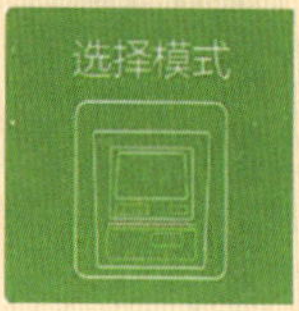 选择模式		

图1-21　国家电网充电站现场充电操作标志标识

⊙ 24. 充换电设施安全标识和环境信息标识应设在充电站的什么位置？

充换电设施安全标识和环境信息标识设置应遵循醒目易见、方便用户的基本原则，可按以下方法进行设置：

（1）安全标志牌应设在便于识别、醒目的位置。

（2）环境信息标识宜设在有关场所的入口处和醒目处。

（3）局部环境信息标识应设在所涉及的相应危险地点或设备部件的醒目处。

第五节　充电操作

⊙ 25. 国家电网有限公司投资建设的充电设施有哪几种充电支付方式？

国家电网投资建设的充电设施主要有国家电网充电卡充电、二维码充电及e充电账号充电三种充电支付方式，具体为：

（1）充电卡充电。电动汽车充电卡由国家电网发卡机构统一公开发行，分为实名制卡和非实名制卡。用户需要输入电动汽车充电卡密码并选择预设金额，将电动汽车充电卡放在卡片感应区进行刷卡，直到界面切换跳转的充电方式。

（2）二维码充电。用户选择二维码支付方式后，用户根据需要选择预设金额，充电桩屏幕会跳转到扫描二维码界面，用户采用手机APP扫码进行充电的方式。

（3）e充电账号充电。用户选择账号充电方式后，会进入金额选择界面及输入账号密码界面，通过后台进行验证的充电方式。

⊙ 26. 采用充电卡方式进行充电，应如何操作？

用户需要持国家电网统一发行的电动汽车充电卡到国家电网充电桩进行充电操作：

（1）充电前确认车辆停稳后熄灭断开电源。

（2）把充电枪正确插入电动汽车充电接口。

（3）在充电桩上选择电动汽车充电卡充电，设置所需的充电金额。

（4）首先进行第一次刷卡，预扣充电金额，激活充电桩，启动充电。

（5）结束充电第二次刷卡，确认充电完整性，完成扣款流程。

（6）将充电枪归位。

电动汽车充电卡充电操作流程如图1-22所示。

图1-22　电动汽车充电卡充电操作流程

⊙ 27. 采用二维码方式进行充电，应如何操作？

使用二维码方式为电动汽车充电时，用户需要到充电桩进行如下充电操作：

（1）充电前确认车辆停稳后断开电源。

（2）把充电枪正确插入电动汽车充电接口。

（3）在确定插枪正确后，在充电桩上操作选择二维码充电，选择预充金额生成二维码（充电桩需网络在线）。

（4）打开e充电APP，点击地图右上方【扫一扫】图标，进入扫描界面。

（5）对准充电设备上的二维码进行扫描，激活充电桩，锁定充电枪，开始充电。APP扫描成功，后台会同时发送包含6位验证码的短信。

（6）在充满指定的金额后自动停止充电，输入扫码后的验证码系统验证成功后，结束充电。

（7）若想提前结束充电，点击充电桩充电界面上的【停止充电】按钮，输入扫码后返回的验证码并验证成功后，结束充电。

（8）将充电枪归位。

二维码充电操作流程如图1-23所示。

图1-23 二维码充电操作流程

⊙ 28. 采用e充电账号方式进行充电，应如何操作？

使用e充电账号方式为电动汽车充电时，用户需到国家电网充电桩进行如下充电操作：

（1）充电前确认车辆停稳后断开电源。

（2）把充电枪正确插入电动汽车充电接口。

（3）在确定插枪正确后，在充电桩上操作选择e充电账号充电（充电桩需网络在线）。

（4）在充电桩上选择预充金额，并输入e充电APP账号和6位支付密码，启动充电。

（5）在充满后自动停止充电，输入交易密码并验证成功后，结束本次充电。

（6）若想提前结束充电，点击充电桩充电界面上的【停止充电】按钮，输入交易密码并验证成功后，结束充电。

（7）将充电枪归位。

e充电账号充电操作流程如图1-24所示。

图1-24　e充电账号充电操作流程

⊙ 29. 充电操作的安全注意事项有哪些？

使用充电桩为电动汽车充电时，应按照充电桩提示进行操作，需重点做好以下几点安全注意事项：

（1）充电枪连接车辆前应确定充电接口内无积水。

（2）充电过程中请勿强行拔下充电枪，必须在充电结束后才能拔下。

（3）充电过程中出现突发或紧急情况，应立即按下充电桩上的急停按钮停止充电。

⊙ 30. 哪些情况下可以按下充电桩上的急停按钮？

发生紧急情况时，充电操作人员快速按下急停按钮以达到保护人身、设备安全的目的，具体情况为：

（1）充电过程中发生故障，通过正常操作无法停止充电。

（2）充电过程中发生充电桩或车辆的内部短路问题。

（3）充电过程中发生人员触电事故。

（4）充电桩或充电桩与车辆接触部位发生漏电、起火等状况。

（5）其他危害人身、设备安全的紧急情况。

第二章

充换电设施巡视业务

第一节　巡视工作概述

⊙ 31.　充换电设施运维单位应如何组织开展巡视工作？

充换电设施运维单位应根据本地区实际工作情况，制定巡视管理制度。主要包括交接班制度、巡视制度、投运停运复运制度等。同时需要编制充换电设施现场运行规程、检修规程，并落实岗位责任及工作要求。管理部门确保巡视人员配置满足工作需求，安全工器具准备充分，充换电设施备品备件充足，确保顺利开展巡视工作。

⊙ 32.　巡视工作应配置多少人员？

每次巡视工作，巡视人员应不少于两人，严格禁止单人外出巡视，确保人身安全。同时应配置电动汽车，方便进行充电测试。

⊙ 33.　充电站点开展巡视工作的流程是什么？

（1）地市公司充电设施管理员在制订巡视计划前应增添巡视项目。

（2）充电设施管理员应制订周期巡视计划，添加巡视内容，巡视计划应按指定日期完成。

（3）车联网平台根据已设定的周期性巡视计划自动派发巡视任务，并通过巡检APP下达至地市公司巡视人员。

（4）巡视人员开展巡视工作，到达现场并通过巡检APP进行扫码签到，填报巡视情况，完成巡视任务。

（5）如巡视人员发现充电设施故障，需通过巡检APP触发抢修流程。

第二节　巡视工作的基本要求

34. 日常巡视工作主要有哪些要求？

（1）检查充电站点内充换电设施是否正常运行，充换电设施是否正常在线，并按要求记录相应运行数据。

（2）发现充换电设备故障及损坏应及时上报，并拍照留档，如实记录故障损坏信息。

（3）检查充电站点环境，保证现场无杂物，用户可正常充电。

（4）对充换电设施简单故障进行处理时，务必了解现场情况，安全工器具配备齐全，无安全隐患后方可进行操作。

（5）充换电设施巡视内容较多，巡视人员应详细准确进行记录。

35. 巡视人员需要掌握的基本技能有哪些？

（1）掌握低压电操作理论知识和操作技能。

（2）能够正确使用巡视工作所需工具。

（3）了解充电设施有关技术标准，做到相关知识及时更新。

（4）在充电站点现场能正确分析充电设施运行情况，分析故障原因，能处理充电设施简单故障。

（5）熟悉充电站点现场作业标准流程，能够正确使用车联网巡检APP。

（6）掌握常见事故的基本急救技能。

⊙ 36.　巡视工作需要的工器具有哪些？

（1）充电设施柜门钥匙。

（2）绝缘手套绝缘鞋等安全工器具。

（3）毛刷及吹风机等工具。用于清理充电设施内部外部灰尘，避免发生内部短路，保持充电设施散热正常。

（4）验电笔。用于各项操作前检查充电设施是否带电，确保巡视人员人身安全。

（5）万用表。用于测量充电设施运行各项数据有无异常，确保充电设施正常运行。

⊙ 37.　巡视工作管理要求有哪些？

车联网平台将充电设施巡视工作分为计划巡视和特殊巡视。

计划巡视是指对各地区已投运充电站点按照日、周、月三种不同周期进行巡视工作。根据车联网平台要求，充电站点每周至少巡视一次。

特殊巡视是对充电站点特殊情况按照日、周、月三种时限进行非周期性巡视。

⊙ 38.　需要开展特殊巡视的情况有哪些？

（1）充换电设施变动后。

（2）充换电设施新投入运行后。

（3）充换电设施经过检修，改造或长期停运后重新投入运行后。

（4）充换电设施缺陷告警或离线异常增多。

（5）遇有节假日或重要活动的情况。

（6）遇有极端恶劣天气可能影响充电设施正常运行的情况。

⊙ 39. 充电设施巡视工作操作流程是什么？

巡视人员工作中应严格按照作业指导书开展工作，逐项完成巡检APP内的巡视项目，认真做好巡视记录，并备有事故应急处理预案。巡视人员到达现场后，应首先使用巡检APP完成"打点"，扫描充电设施资产码。如发现故障，应按故障等级分别进行处理，不影响设备使用的一般故障可在计划检修时统一处理，严重故障应发起抢修工单进行处理。

⊙ 40. 充电设施巡视内容包括哪些？

（1）e充电APP是否能准确导航至充电站点。

（2）充电站点现场信息与e充电APP内信息是否一致。

（3）充电设施使用说明及电价公示是否完整准确。

（4）充电设施是否能够正常使用。

（5）充电站点附属设施，如雨棚、围栏、照明灯、监控及引导牌是否完好。

（6）安全和消防器材是否按规定摆放，取用方便，消防通道是否畅通。

第三节　车联网平台巡视管理

⊙ 41. 巡视管理流程是什么？

巡视管理流程是对已投运充换电设施开展周期性巡视管理的保障措施。设施管理员在制订巡视计划前应添增巡视项目，制订周期巡视计划，添加巡视内容，巡视计划应按指定日期完成。车联网平台根据已设定巡视计划自动派发巡视任务，并通过运维APP软件下达至地市公司巡视员，巡视员开展巡视工作。巡视员完成巡视后，结束巡视工单。巡视流程如图2-1所示。

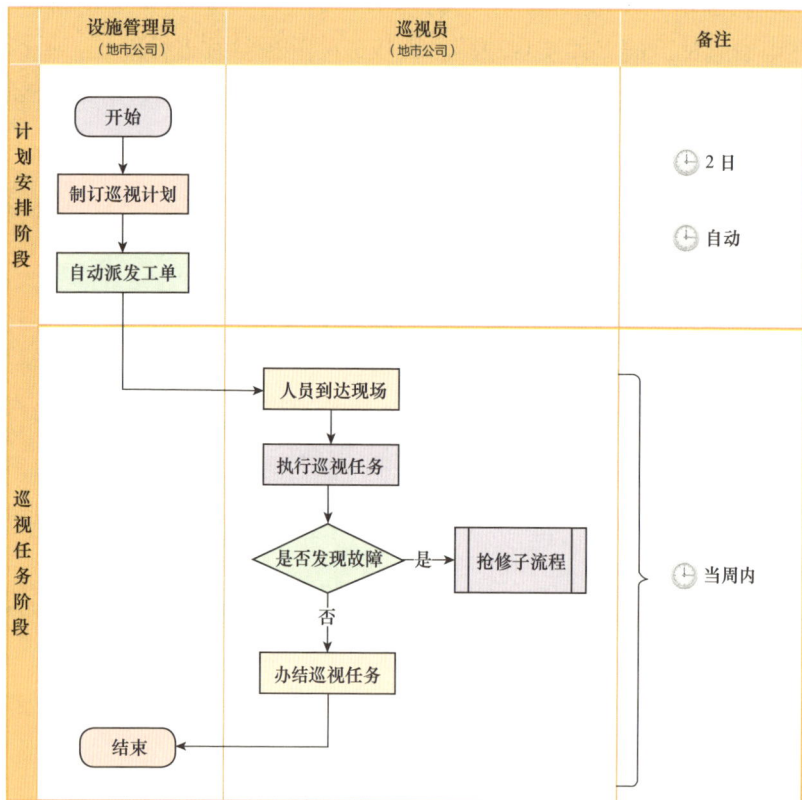

图2-1　巡视流程

⊙ 42. 如何制订巡视计划？

在巡检任务模块中的选择【计划巡视】功能，进入巡检计划界面，如图2-2所示。

图2-2　巡视计划界面

　　选择计划巡视中的【新增】按钮，填写巡视计划并保存，完成新增巡视计划，如图2-3所示。

图2-3　巡视计划制定界面

　　新建成功后巡视计划会显示在巡视列表中。在巡视计划列表中选择【开启】按钮，开启巡视计划，如图2-4所示。

图2-4　开启巡视计划界面

　　开启巡视计划后，选择【绑定部分】或【绑定全部】按钮，完成充换电设施站点与巡视计划的绑定，如图2-5所示。巡视计划绑定成功后，系统会自动派发巡视工单。

图2-5 绑定充电站界面

⊙ 43. 如何查询巡视计划？

选择巡视记录中【查询】按钮，在搜索框中填写所需内容，可查询相应的巡视记录。如需导出巡视记录，选择【导出】按钮，完成导出，如图2-6所示。

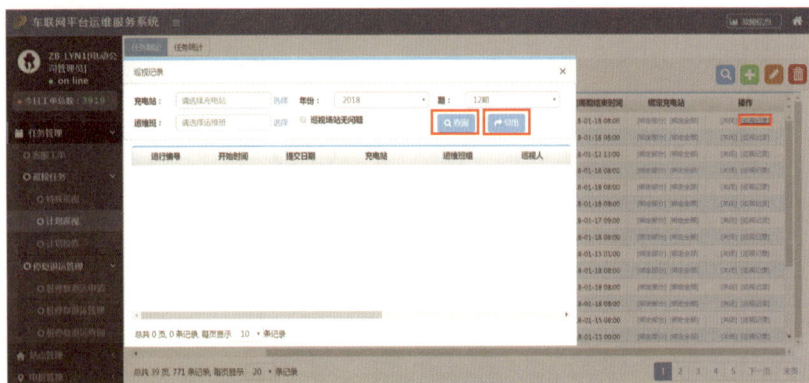

图2-6 巡视记录查询界面

⊙ 44. 如何删除或更改巡视计划?

在巡检计划选中需要删除的巡检计划,选择【删除】按钮,确定后完成删除。如需更改巡视计划选择【关闭】按钮,进行重新编辑,如图2-7所示。

图2-7　删除巡视计划

⊙ 45. 如何导出巡视计划?

选择计划巡视中的任务统计界面,选中需要导出的巡检记录,选择【导出】按钮,确定后完成导出,如图2-8所示。

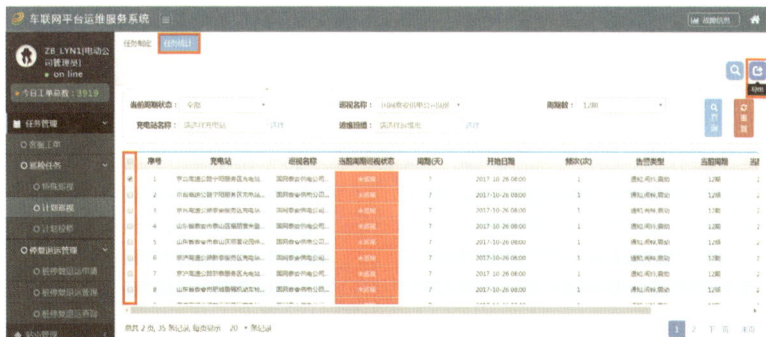

图2-8　导出巡检计划

⊙ 46. 如何制订特殊巡视计划？

在巡检任务模块中选择【特殊巡视】功能，进入特殊巡视界面，如图2-9所示。

图2-9　特殊巡视功能入口

选择特殊巡视中的【新增】按钮，填写内容后选择【保存】按钮，完成新增特殊巡视计划，如图2-10所示。

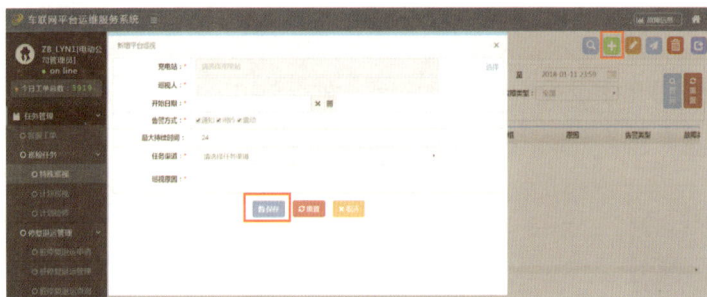

图2-10　填写特殊巡视内容

⊙ 47. 特殊巡视计划如何派发及删除？

在特殊巡视中，筛选出未派发的特殊巡视计划并选中，选择【派发】按钮，完成派发，如图2-11所示。

图2-11　特殊巡视工单派发

在特殊巡视中，筛选出需要删除的特殊巡视计划并选中，选择【删除】按钮，完成删除，如图2-12所示。

图2-12　删除特殊巡视工单

第四节　巡视问题处理方法

⊙ 48.　充换电设施巡视过程中，可以由巡视人员直接处理的问题有哪些？

（1）充电设施故障死机导致用户无法进行充电时，可由巡视人员现场进行重启，及时恢复充电设施正常运行。

（2）充电设施离线导致用户无法使用APP扫码充电时，可由巡视人员对SIM卡安装情况进行检查，确保接触良好，三种充电方式均正常使用。

（3）充电设施急停按钮被按下导致充电设施无法正常使用时，可由巡视人员在现场将急停按钮复位，并进行重启，及时恢复充电设施正常运行。

⊙ 49. 如何开展充电站点环境治理？

巡视人员在巡视过程中，要确保充电站点环境整洁，需做到以下几点：

（1）在验收充电站点过程中，确保充电站点已由施工单位进行清扫，现场做到整洁有序无杂物，方可进行验收。

（2）巡视人员与充电站点管理方提前进行沟通，明确对充电站点环境要求，对无物业管理的充电站点，需由巡视人员自行清理，确保充电站点整洁无杂物。

（3）发现配电设备与充电设施存在外来张贴物时，巡视人员需及时清理。

⊙ 50. 巡视人员对充电设施简单故障的处理方法有哪些？

巡视人员对所辖充电设施巡视过程中，当遇到充电桩离线、死机、操作屏幕触摸失灵、花屏、黑屏等简单故障时，巡视人员可在确保自身安全的前提下，打开充电桩桩体柜门，检查充电桩内部装置基础接线是否出现异常（脱焊、虚接等），如未发现明显问题，则重启充电桩，观察充电桩是否恢复正常运行。

51. 巡视人员无法恢复的故障应如何处理？

如遇巡视人员无法修复的故障，巡视人员应在保证人身安全的前提下，对充电桩进行断电处理，在桩体张贴故障情况说明，及时联系厂家，将故障情况描述清楚，逐级上报，做好文字记录，最后向车联网平台申请充电桩停运。巡视人员应及时跟进厂家故障处理情况，督促其尽快恢复充电桩正常运行。

52. 巡视过程中，发现影响充电设施正常运行的问题应如何处理？

巡视人员在充电设施巡视过程中，发现存在明显安全隐患，且影响充电桩正常运行时，例如充电桩倒地、雨棚被撞等，巡视人员需做好如下措施：

（1）在确保巡视人员人身安全的情况下，将充电桩进行断电，在充电桩桩体上张贴情况说明，并在故障充电桩周围做好必要的安全围栏，避免二次事故发生。

（2）将现场情况拍照留档，文字记录描述清楚，逐级上报，向车联网平台申请故障充电桩停运。

（3）调取充电站点监控视频，走访充电客户及周围群众，多方取证，调查事故原因，必要时可向公安机关报警。

53. 充电设施巡视过程中，发现充电站现场信息与车联网平台信息不符应如何处理？

（1）巡视人员发现充电站点信息与车联网平台信息不符时，应及时做好记录，并将相关情况及时上报地市公司充电设施管理员，由省公司将信息汇总，统一报送车联网平台开展数据治理。

（2）巡视人员应及时跟进车联网平台数据治理工作，当车联网完成数据治理，并将数据更新至e充电APP后，巡视人员需到充电站点现场核实e充电APP数据与车联网平台数据是否一致。

54. 充电设施巡视过程中，发现充电车位被非充电车辆占用的情况如何处理？

（1）对非充电车辆停放于充电车位，如车上有联系方式，应联系车主，引导车主将车辆停放于非充电车位。

（2）对有现场管理人员的充电站，应联系现场管理人员（物业、停车场管理处等），做好情况说明，由现场管理人员引导车主按需停车。

（3）在日常工作中，可协助管理单位加强宣传引导，避免出现油车占位现象。

55. 发现充电设施通信SIM卡被盗时应如何处理？

（1）日常巡视工作中，如发现充电设施SIM卡丢失，应第一时间向上级管理单位汇报。

（2）及时向充电设施所在地区公安机关报案，协助公安机关采集监控信息。

（3）及时汇总丢失SIM卡号码，第一时间向运营商申请挂失，并跟进运营商补办SIM卡情况。

（4）向上级管理部门及时领取新SIM卡，做好充电设施与SIM卡对应记录，更改车联网平台内资产信息，将新SIM卡安装在充电设施上。

　　针对SIM卡丢失现象，建议各地区提前预留部分SIM卡，确保充电设施正常使用。

56. 充电设施巡视过程中，发现有人恶意破坏充电设施时应如何处理？

　　在巡视工作中如发现恶意破坏充电桩、盗取充电桩内部SIM卡、窃电等行为，巡视人员应在第一时间报警，并记录破坏者体貌特征，汽车牌照等相关信息。待警察到达现场，协助警察调取充电站视频监控信息。巡视人员应避免与破坏者发生争执，确保巡视人员人身安全。

57. 充电设施巡视过程中，遇到充电站点无法进入的情况应如何处理？

　　在日常巡视工作中，会遇到充电站物业管理方禁止巡视人员入内巡视的情况。针对这种情况，巡视人员应做如下处理：

　　（1）联系充电设施产权单位，确认该充电站点使用性质。

　　（2）如该充电站确认为公共充电站，由巡视人员与物业管理方进行解释沟通，如仍禁止入内，需巡视人员如实记录，上报管理部门，协调物业管理方，完成巡视工作。

　　（3）如该充电站确认为专用充电站，则需巡视人员做好记录工作，上报管理部门，协调物业管理方，是否可以通过出具介绍信等方式使巡视人员进入充电站巡视充电设施。

　　（4）如遇重大保电安排等极其特殊充电站，则需巡视人员做好记录，由上级管理部门协调车联网平台，调整对该充电站的巡视要求。

第三章

充换电设施检修业务

第一节　检修工作概述

⊙ 58. 充电设施的检修包括哪几种方式？

充电设施检修包括计划检修和应急抢修两种方式。计划检修是指对全部充换电站进行周期性检修，各级运维单位应建立执行检修计划的监控、督导、评价等闭环管控机制。应急抢修是指对95598故障报修、车联网平台告警和巡视工作中发现的充电设施故障开展的应急性抢修工作，确保故障及离线充电桩及时完成修复。

⊙ 59. 运维单位负责充电设施缺陷的发现、受理与处置工作，应履行什么责任？

运维单位负责受理缺陷报修，并对缺陷处理全过程进行跟踪；按要求内容及格式填报缺陷记录；定期做好缺陷汇总整理及处置安排；定期开展缺陷分析及报表填报，并按要求报送；负责建立缺陷台账并及时做好维护工作。

⊙ 60. 充换电设施运维业务中，车联网管理平台检修工单的主要来源有哪些？

充换电设施运维业务中，检修人员可以从车联网管理平台获得检修工单，主要有以下三个来源：

（1）充电设备存在故障，车联网平台自发告警，触发检修工单。

（2）客户充电时遇到充电设施故障，致电95598进行故障报修，由95598派发检修工单。

（3）巡视人员在巡视过程中发现故障，通过巡检APP上报充换电设施运行管理人员，派发检修工单。

第二节　检修工作的基本要求

⊙ 61. 充换电设施的检修工作应执行哪些制度和要求？

对于充换电设施的检修工作，检修单位和检修人员均应遵守相关规章制度，主要有以下几个方面：

（1）检修单位应结合设备技术说明书、技术标准、试验报告等资料，编制设备现场检修规程和检修作业指导书，并经本单位技术负责人批准执行。

（2）充换电设施设备检修应严格执行《国家电网公司电力安全工作规程》要求，执行工作票制度和工作许可制度，做好安全措施（停电、验电、挂地线，设置围栏、标示牌等），并在检查无误后方可进行检修工作。

（3）检修人员应熟悉设备的工作原理性能、使用说明、检修检测方法、现场检修规程、检修作业指导书等，并经过专业培训和考试合格后方可上岗。

（4）检修单位应备有充足的备品备件，并及时进行补充，建立备品备件管理台账。

⊙ 62. 充换电设施检修班组应配置多少作业人员？

从检修的安全角度考虑，检修班组的每个组宜配备3名作业人员。现场作业时，一人负责打开机柜门进行故障检修，另一人负责从旁协助，第三人负责现场的安全监护工作。

从抢修工作的角度考虑，每个检修班组宜分为3组，一组负责日常的计划检修工作，另两组负责等待抢修工单的下达，并及时开展抢修工作。

例如，按照检修计划每组每天能检修8个充电站（每个站点有8台充电桩），共100个充电站于一周内检修完成，则需至少配备两组人员执行周计划检修，另需一组人员用于抢修，各地市运维单位可根据自身实际情况分组及配备检修作业人员。

⊙ 63. 从事充电设施检修的作业人员需要满足哪些基本要求？

从事充电设施检修的作业人员在作业考试、知识技能及精神状态等方面需满足以下基本要求：

（1）检修人员必须持证上岗（电工进网作业许可证等），熟悉安全规程，熟悉现场安全作业要求，并经考试合格。

（2）检修人员应具备必要的低压电理论知识和技能，能正确操作使用工具，了解充电桩有关技术标准要求，能正确分析充电桩情况，熟悉现场作业流程。

（3）检修人员的身体状况、精神状态良好，满足工作的要求。

⊙ 64. 充换电设施的计划检修的周期要求是什么？

地市公司充换电设施管理员应在充电设施建成后2日内制订年度检修计划，年度计划检修应每年至少一次。对于投运站点的年后检修计划，应在年末或次年年初制订完成。对于使用率较高的站点可适当增加检修次数。检修计划制订完成后，车联网平台按预定周期自动派发检修任务工单，并对执行情况进行监督。检修人员按计划对站内充电设备、供配电设备等逐一进行检查和保养。

⊙ 65. 充电设施应急抢修的流程和时限要求是什么？

（1）平台值班员收到95598故障报修工单后，通过车联网平台派发抢修工单。

（2）车联网平台对发生故障告警的充电桩自动派发抢修工单。

（3）巡视人员在巡视任务中发现故障时派发抢修工单。

（4）检修管理人员应在15分钟内接单并转派给检修人员，检修人员应在45分钟内到达现场，并于2小时内完成处理，处理过程同计划检修。

（5）对于2小时内不能完成的情况，检修人员应上报检修管理员，由管理人员申请停运，并及时告知客户，在停运时限内完成检修和复投。

（6）故障处理完毕或提交停运申请后，检修人员提交抢修工单。

（7）平台值班员对故障处理情况进行确认，或对停运申请进行审批，办结抢修工单。

充换电设施应急抢修流程如图3-1所示。

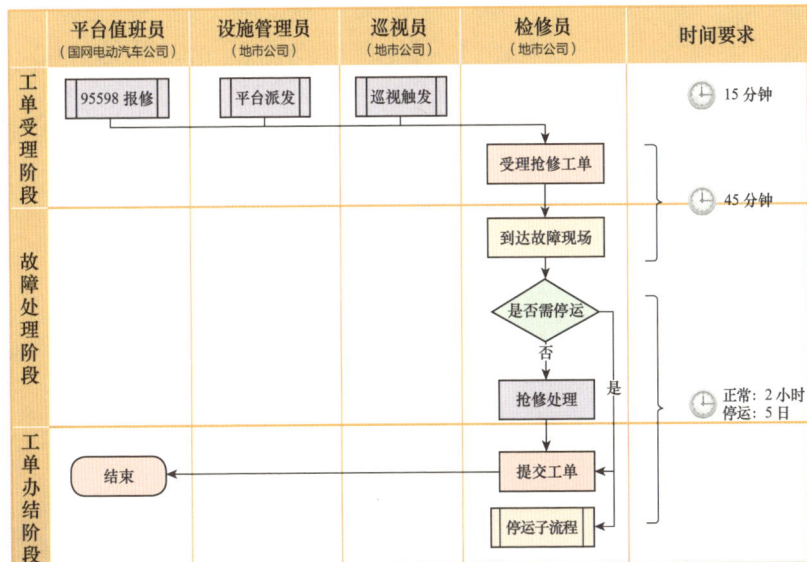

图3-1 充换电设施应急抢修流程

⊙ 66. 充电设施计划检修的流程是什么？

（1）地市公司充电设施管理员在车联网平台制订检修计划，并按检修计划申请对充电站内充电桩停运。

（2）检修任务下达至地市公司检修人员后，检修人员应在规定时限内接单并完成检修计划。

（3）检修人员到达现场后，首先使用巡检APP扫描充电设施资产码，完成"打点"，并逐一对站内充电设备、供配电设备等进行检查。

（4）检修任务完成后，检修人员录入检修记录，提交检修任务，及时对充电设施进行复运。

充电设施检修管理流程如图3-2所示。

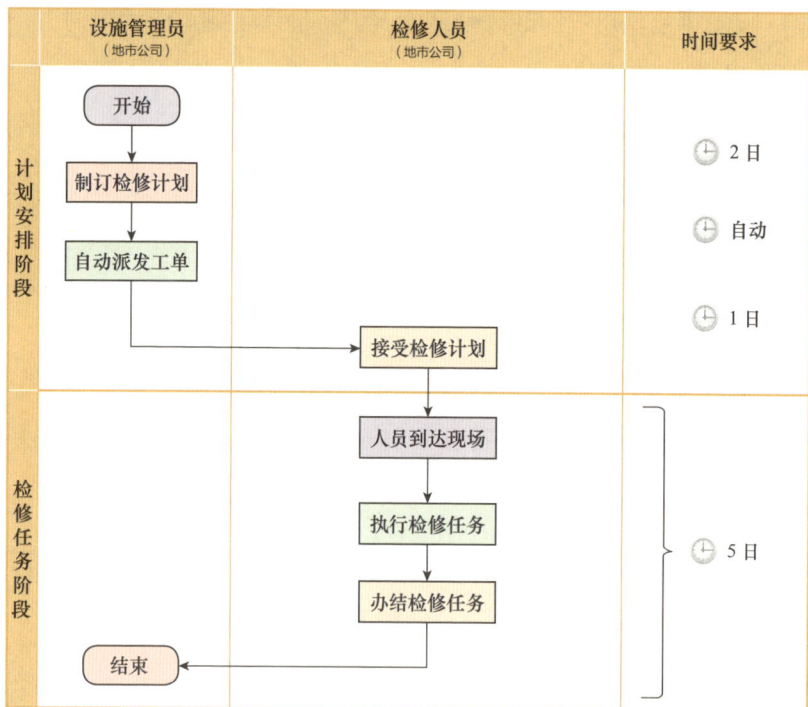

设施管理员 （地市公司）	检修人员 （地市公司）	时间要求
计划安排阶段	开始 → 制订检修计划 → 自动派发工单	🕐 2日 🕐 自动 🕐 1日
	接受检修计划	
检修任务阶段	人员到达现场 → 执行检修任务 → 办结检修任务	🕐 5日
结束		

图3-2　充电设施检修管理流程

⊙ 67. 如何进行充换电设施缺陷处理？

在进行充换电设施缺陷处理的过程中，应做到如下几点：

（1）发现充换电设施缺陷后应对缺陷进行定性，记录缺陷并报告。

（2）危急、严重缺陷应立即上报并处理；一般缺陷应定期上报并安排处理。

（3）消缺工作应列入生产计划中，对危急、严重或有普遍性的缺陷应及时研究对策，采取措施，及时消除。

（4）对于危急缺陷应立即消除，或采取必要的安全技术措施进行临时处理；对于严重缺陷，应在短期内消除，消除前应加强监视；对于一般缺陷，要列入年、季、月工作计划内，并按期消除。

（5）建立必要的台账、图表、资料，对设备缺陷实行分类管理和处理。

（6）缺陷处理完后，应由设备专责进行现场验收并签字，验收不合格的应重新按缺陷处理程序办理。

充换电设施缺陷处理流程如图3-3所示。

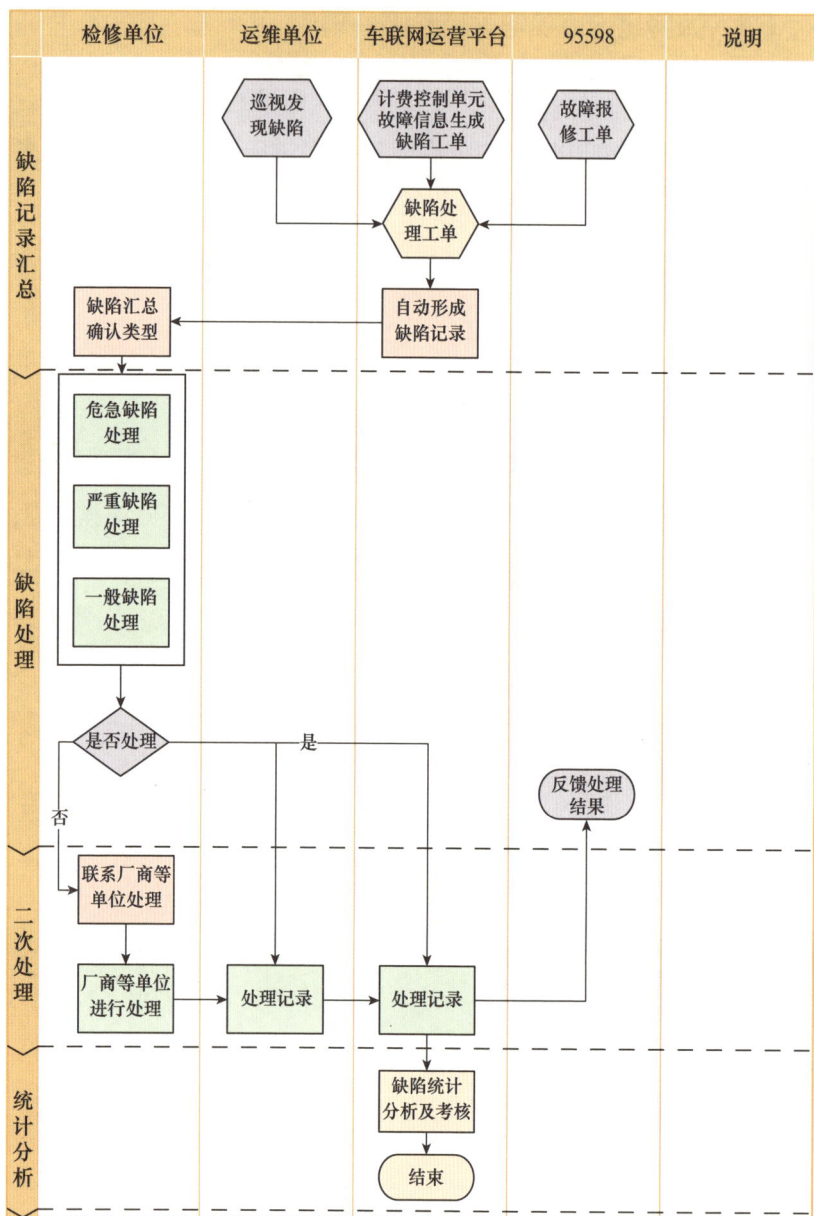

图3-3 换电设施缺陷处理流程图

⊙ 68. 充换电设施检修工作中，如何配备、管理使用工器具？

在电动汽车充换电设施检修工作中，应配备的工器具有便携式工具箱、万用表、螺丝刀（一字型、十字型、内六角等）、套筒扳手（6～19毫米）一套、充电桩所用备品备件等。

工器具的保存和使用应做到规范、合理，在保存和使用过程中应注意以下方面：

（1）应根据充换电设施构成、技术状况等，合理制订备品备件储备定额。

（2）工器具应按类别设专门库、房、箱、柜、架定位存放，物品排列摆放整齐；库房内清洁、干燥，照明齐全完好；地面及门窗玻璃等保持清洁，安全、防火等措施齐全。

（3）工器具应指定专责保管员进行定期维护保养，成套包装的专用工具应保持完整性。

（4）应建立备品备件台账，领用时履行使用手续，并设专人维护管理，确保备品备件的完好性。

（5）安全工器具应按规定的试验周期送检，严禁使用超期或不合格工器具。

⊙ 69. 直流充电机模块进、出风口如何进行除尘？

（1）清理干净模块进、出风口过滤网上的絮状物。

（2）清理掉模块进出风口过滤网上的絮状物以后，用除尘设备对模块换热风道进行除尘。应采用由进风口吹向出风口的方式或通过出风口吸尘的方式。

⊙ 70. 交流充电桩、直流充电机机柜换热风道清洁除尘应如何操作？

　　直流充电机机柜换热风道的除尘须在充电机模块除尘环节完成后进行。交流充电桩通风网和直流充电机机柜换热风道进风口过滤网均需每三个月进行一次除尘工作，滤网材质如果为过滤棉则每年度进行一次滤网更换（更换工作在每年第二个季度维护工作时进行）。

　　操作步骤如下：

　　（1）清理干净出风口过滤网上的絮状物。

　　（2）清理掉模块进出风口过滤网上的絮状物。进风口过滤网的除尘采用机柜内侧向外侧吹风或机柜外侧向内侧吸尘的方式；出风口的除尘采用机柜外侧向内侧吹风或机柜内侧向外侧吸尘的方式。

⊙ 71. 交、直流充电机机柜内除尘操作有哪些要求？

　　（1）机柜及柜内其他单元的除尘须在机柜换热风道除尘工作完成后展开。

　　（2）对机柜内所有部件（不包括机柜本体内表面）的除尘工作作业器械不得触碰柜内任何器件或线缆。

　　（3）对柜内板件及二次控制线路或端子排进行除尘工作时须两手扶着作业机械，合理控制作业机械和作业对象的距离，严禁作业机械触碰板件及二次控制线路。

　　操作步骤如下：

　　（1）对机柜底部、侧面、顶部进行全方位除尘。

　　（2）对机柜内主功率回路器件、线路、端子排、汇流排表面除尘进行除尘。

　　（3）对机柜内板件、二次控制线路及端子排进行除尘。

第三节　车联网平台检修管理

⊙ 72. 检修管理流程是什么？

检修管理流程是对已投运充换电设施开展检修工作的保障措施。设施管理员执行计划检修任务前，应提前申请充换电设施站点停运。制订的检修计划下派到设施检修员后，设施检修员应在规定时间内接单、现场检修，检修任务完成后录入检修记录，提交检修任务。

充电设施检修管理流程如图3-4所示。

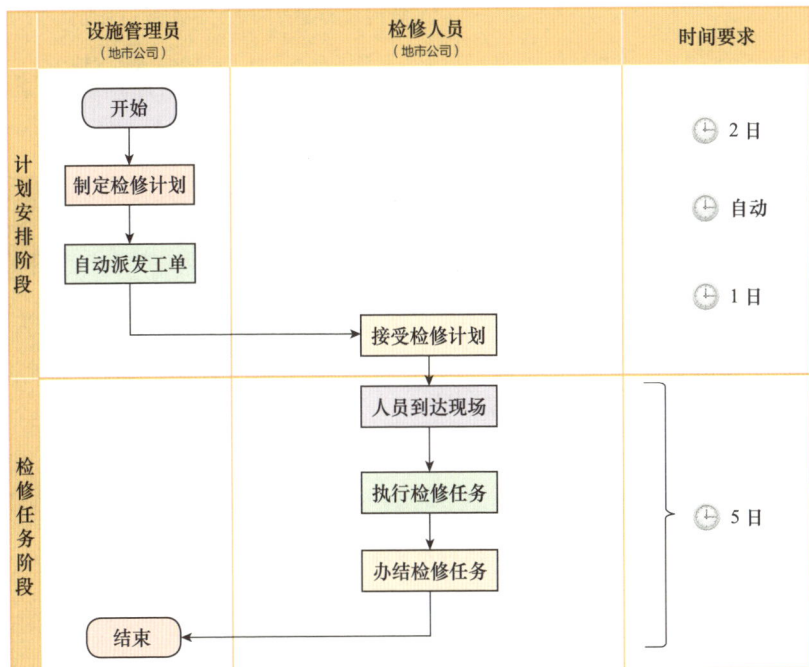

图3-4　充电设施检修管理流程图

⊙ 73. 如何制订检修计划？

在巡检任务模块中选择【计划检修】功能，进入计划检修界面，如图3-5所示。

图3-5　计划检修界面

选择计划巡视中的【新增】按钮，填写检修计划并保存，完成新增检修计划，如图3-6所示。

图3-6　检修计划制订界面

新建成功后检修计划会显示在检修列表中。在检修计划列表中选择【开启】按钮，开启检修计划，如图3-7所示。

图3-7 开启检修计划

开启检修计划后，选择【绑定部分】或【绑定全部】按钮，完成充换电设施站点与检修计划的绑定，如图3-8所示。

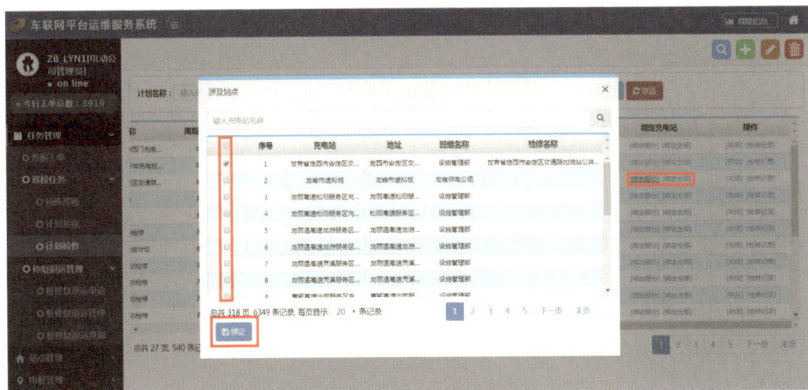

图3-8 绑定检修计划

⊙ 74. 如何查询检修计划？

选择检修计划中【查询】按钮，在搜索框中填写所需内容，可查询相应的检修记录，如图3-9所示。

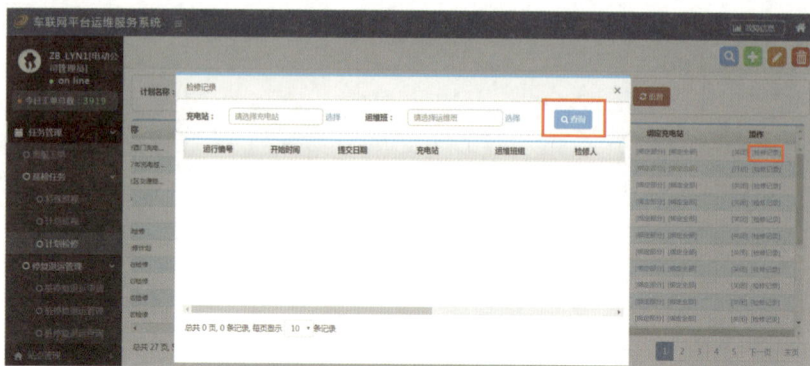

图3-9 检修记录查询

⊙ 75. 如何删除检修计划？

在检修计划选中需要删除的检修计划，选择【删除】按钮，确定后完成删除，如图3-10所示。

图3-10 删除检修计划

⊙ 76. 如何申请充换电设施停复退运？

（1）停运申请：

在停复退运模块中选择【桩停复退运申请】功能，选择【停运申请】按钮，进入第二步进入申请界面，如图3-11所示。

图3-11　充换电设施停运申请入口

　　停运申请页面中，在搜索框中填写所需内容，选择【查询】按钮筛选出需要停运的充换电设施并选中，选择【下一步】按钮，进入第三步，如图3-12所示。

图3-12　选择停运的充换电设备

　　停运申请第三步，填写需要停运的充换电设施信息，上传审核附件，选择【完成】按钮，完成停运申请，如图3-13所示。

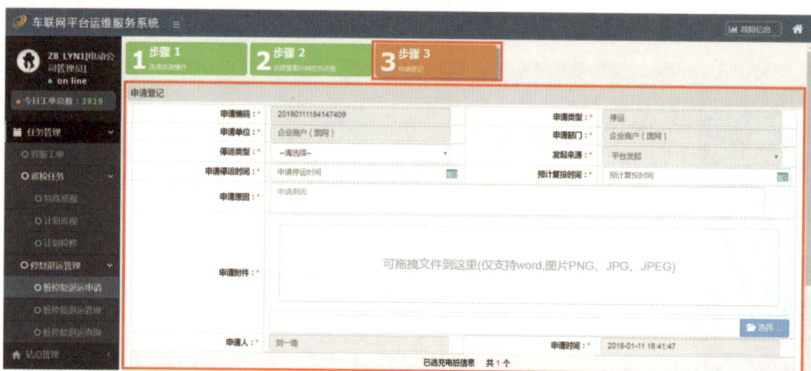

图3-13 停运申请完成

（2）复投申请：

在停复退运模块中选择【桩停复退运申请】功能，选择【复投申请】按钮，进入第二步复投页面，如图3-14所示。

图3-14 充换电设备复运入口

复投申请页面中，在搜索框中填写所需内容，选择【查询】按钮筛选出需要复投的充换电设施并选中，选择【下一步】按钮，进入第三步，如图3-15所示。

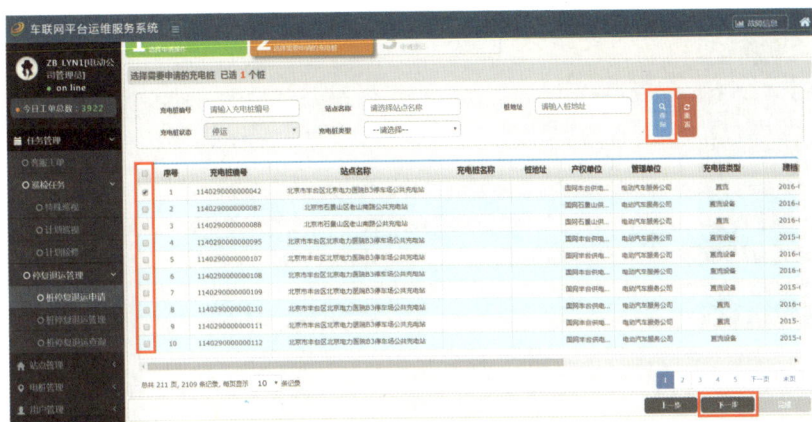

图3-15　选择复投充换电设备

　　复投申请第三步，填写需要复投的充换电设施信息，上传审核附件，选择【完成】按钮，完成停运申请，如图3-16所示。

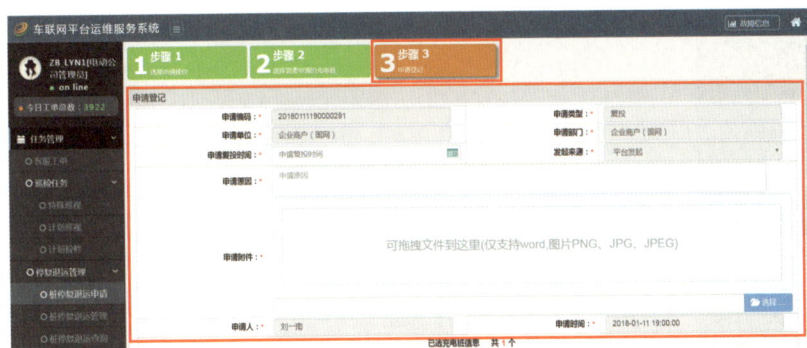

图3-16　复投申请完成

（3）退运申请：

　　在停复退运模块中选择【桩停复退运申请】功能，选择【退运申请】按钮，进入第二步停运页面，如图3-17所示。

图3-17　充换电设备申请退运入口

退运申请页面中，在搜索框中填写所需内容，选择【查询】按钮筛选出需要退运的充换电设施并选中，选择【下一步】按钮，进入第三步，如图3-18所示。

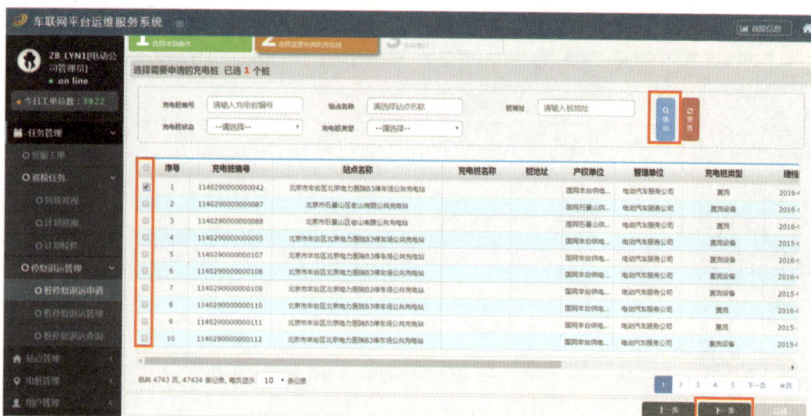

图3-18　选择退运充换电设施

退运申请第三步，填写需要复投的充换电设施信息，上传审核附件，选择【完成】按钮，完成停运申请，如图3-19所示。

图3-19 退运申请完成

第四节 常见故障原因及处理方法

充电桩常见的故障代码、现象、故障原因、处理方法和建议见附录。

第四章

充换电设施运行安全管理

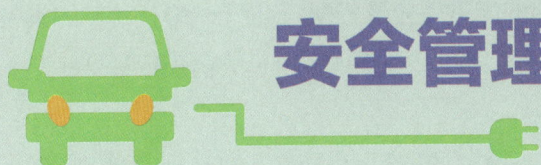

第一节　安全管理的基本要求

⊙ 77. 充换电设施安全管理应执行哪些制度？

充换电设施安全管理应执行《中华人民共和国安全生产法》Q/GDW 1799.1—2013《国家电网公司电力安全工作规程（变电部分）》（以下简称《安规》）、DL 5027—2015《电力设备典型消防规程》和GB 50140—2005《建筑灭火器配置设计规范》等相关要求。其中，《安规》是电力生产现场安全管理的最重要规程，是保证人身安全、电网安全和设备安全的最基本要求。消防器材的配备、使用、维护，消防通道的配置等应遵守DL 5027—2015《电力设备典型消防规程》和GB 50140—2005《建筑灭火器配置设计规范》的规定。

⊙ 78. 充换电设施现场应具备哪些基本安全条件？

从安全管理的角度，充换电设施现场应具备以下基本条件：

（1）现场的作业条件和安全设施等应符合有关标准、规范的要求，工作人员的劳动防护用品应合格、齐备。

（2）现场应配备急救箱，存放急救用品，并应指定专人定期进行检查、补充或更换。

（3）现场使用的安全工器具应合格并符合有关要求。

（4）各类作业人员应被告知其作业现场和工作岗位存在的危险因素、防范措施及事故紧急处理措施。

⊙ 79. 如何落实充换电设施运维人员的防火责任管理？

充换电设施运行维护单位应按照"谁主管、谁负责"的原则，建立各级人员的防火责任制。参与充换电设施运行维护的各部门、各班组、各部位均应设置义务消防员，义务消防员的人数不应少于职工总数的 10%，防火重点部位不应少于70%。应定期举行消防活动，消防活动每季不应少于一次，消防演习每年不少于一次。运维人员应熟知火警电话及报警方法。

⊙ 80. 充换电设施运维单位应如何落实安全责任，规范安全管理？

充换电设施运维单位应按照《中华人民共和国安全生产法》的要求，建立健全安全生产责任制，明确安全生产的管理机构和责任人员，落实各级安全生产责任主体，建立健全充电运营安全保障体系和监督机制，完善安全生产规章制度，落实安全生产经费，开展安全生产教育培训；建立健全消防管理和隐患排查治理工作制度，定期开展电气安全、技术防控、运维操作、消防及防雷设施安全检查和隐患排查，落实整改责任、措施、资金、时限、预案，及时消除安全隐患。

⊙ 81. 充换电设施运维的安全目标是什么？

从管理角度，充换电设施运维服务工作应始终贯彻"安全第一、预防为主、综合治理"的方针，坚持"谁主管，谁负责"和"管业务，必须管安全"的各级岗位责任制。运维单位应将不发生人身伤亡事故、不发生一般设备损坏事故、不发生重大火灾事故、不发生本单位负有主要责任的重大交通事故和不发生对公司和社会造成重大影响的事故（事件）作为运维服务工作安全管理目标。定期结合本单位充换电设施、人员和工作实际，提出实现安全管理目标的组织、技术措施。并按月、季、年度开展安全目标完成情况监督与考核工作。

从设施安全角度，运维单位应确保充电设备、配电设备、线缆及保护装置、充电监控系统及运行管理平台的工作状态正常和可靠运行。应落实充电设备、配电等电气设备及监控系统故障检测手段，建立充电过程的告警监测、过充保护、故障处理等防控措施及应急联动机制。依照相关标准对有关消防设施进行检查，保证设备处于可用状态。加强设备设施安全管理和运行维护，满足充换电设施运行要求。

⊙ 82. 充换电设施运维人员参与运行、巡视、检修等现场作业的基本条件和基本要求是什么，现场作业人员的着装有哪些要求？

充换电设施运维人员参与运行、巡视、检修等现场作业的基本条件包括：

（1）经医师鉴定无妨碍工作的病症（每两年至少体检一次）；

（2）具备必要的电气知识和业务技能，且按工作性质，熟悉《安规》的相关部分，并经考试合格；

（3）具备必要的安全生产知识，学会紧急救护法，特别要学会触电急救。任何人在运维过程中发现有违反《安规》的情况，应立即制止，经纠正后才能恢复作业。各类作业人员有权拒绝违章指挥和强令冒险作业；在发现危及人身、电网和设备安全的紧急情况时，有权停止作业或者在采取可能的紧急措施后撤离作业场所，并立即报告。

充换电设施现场作业人员上岗应穿全棉长袖、长裤工作服；按规程穿防护鞋、戴手套、戴防护眼镜、戴防毒面具，禁止穿拖鞋、高跟鞋，禁止留长发。操作、修试、安装工作中应将衣服（含袖口）扣好，禁止将袖口、裤腿卷起。工作服不应有可能被转动机械绞住的部分。

83. 充换电设施运维人员的教育和培训管理需遵循哪些要求？

（1）接受相应的安全生产教育和岗位技能培训，经考试合格上岗。

（2）每年应参加《安规》考试一次且考试成绩为合格。因故间断电气工作连续3个月以上者，应重新学习《安规》，并经考试合格后，方能恢复工作。

（3）新参加电气工作的人员、实习人员和临时参加劳动的人员（管理人员、非全日制用工等），应经过安全知识教育后，方可下现场参加指定的工作，并且不得单独工作。

（4）外单位承担或外来人员参与公司系统电气工作的工作人员应熟悉《安规》、并经考试合格，经设备运行管理单位认可，方可参加工作。工作前，设备运行管理单位应告知现场电气设备接线情况、危险点和安全注意事项。

84. 充换电设施及附属场所的重点防火部位有哪些？

充换电设施的充、换、储、放电场所，以及监控室、通信机房、消防机房、配电室、电池维护场所属于防火重点部位或场所。防火重点部位或场所应建立岗位防火责任制、消防管理制度和落实消防措施，并制订本部门或场所的灭火方案，做到定点、定人、定任务。防火重点部位或场所应有明显标志，并在指定的地方悬挂特定的牌子，其主要内容是：防火重点部位或场所的名称及防火责任人。

⊙ 85. 如何做好充换电设施的防汛工作？

　　充换电设施运维单位应根据本地区的气候特点和设备实际，制订相应的设备防汛、防雨预案，配备适量的防汛设备和防汛物资。防汛设备在每年汛前进行全面的检查，确保设备处于完好状态。雨季来临前，运维人员应对道路及场区的排水设施进行全面检查和疏通，做好防积水和排水措施，定期对房屋渗漏、下水管排水情况进行检查。雨后及时检查积水情况，并及时排水，设备室湿度过大时做好干燥通风。

⊙ 86. 充换电设施运维单位应如何开展安全活动？

　　充换电设施运维单位应每周开展一次安全活动，安全活动在学习、传达上级安全通报、文件等时，应结合实际，举一反三，吸取教训，同时总结一周来的安全生产情况，对照安全规程查找习惯性违章和不安全因素，并制订有效的防范措施。每次安全活动应认真填写记录，记录活动日期、主持人、参加人和活动内容。对学习内容讨论情况，事故教训及建议和措施应详细记录，不得记录与安全生产无关的内容，不得事后补记。充电设施运维单位应定期检查"安全活动记录"的填写情况，对运维人员提出的建议和措施做出反馈，审查后签名。

⊙ 87.　充电设施运维单位应如何开展安全自查？

充电设施运维管理单位一般应从安全生产责任制体系建立、运行管理与运维保障、充电设备与系统安全运行、充电设施管理信息平台的建设和运行等方面开展安全自查工作。电动汽车充电设施安全自查表见表4-1。

表4-1　　　　　　　　　电动汽车充电设施安全自查表

序号	类别	检查项目	检查要点	检查内容及标准
1	建立安全生产责任体系	安全生产责任制落实情况	安全生产体系组织机构建设	建立安全生产组织机构，有无安全生产管理委员会或办公室机构、有专职人员或安全生产专员
2			安全生产制度建立情况	制度文件健全，职责分工明确，安全管理责任逐级得到落实；安全管理系统工作目标清晰；有危险源识别及安全事故分级、安全事件处置措施
3			安全生产责任分解落实到人	各环节有明确的责任主体与责任人，安全生产目标逐级分解落实到人，充电运营各环节贯彻有效
4			重要事项报告制度	建立安全事件报告制度，途径畅通，责任明确，记录可查并具备可追溯性
5			安全检查工作制度	定期组织全面、系统的安全检查，开展隐患分析排查，并按期改正
6	安全运营管理	运行管理与运维保障	运行操作管理规范化	编制或制订操作岗位安全操作规范及培训教材，定期开展充配电设备及监控系统操作、维护培训，做到人员培训上岗
7				充换电岗位现场作业人员严格遵守操作规程，杜绝人为因素导致安全事件发生，作业考评有记录
8			日常安全运行管理及人员经费落实	建立运行维护现场管理制度，做到"规章制度上墙、任务责任到人、岗位操作有规范、现场作业指导书操作步骤清晰"

续表

序号	类别	检查项目	检查要点	检查内容及标准
9	安全运营管理	运行管理与运维保障	日常安全运行管理及人员经费落实	安全器材配发就位且检查维护有记录、确保器材在有效期内使用，现场设置安全标识清晰正确
10				设备操作与维修手册、安装接线图等竣工资料完整归档，查找方便
11				定期开展安全工作检查，覆盖运营管理各个环节，有巡查记录、存在问题整改及时
12				安全生产经费落实到位
13			建立预防为主的应急处置措施，做好安全风险防范	结合运营实际，开展安全生产故障风险源识别，健全应急处置方案，包括处理流程、维保措施及应急联动机制，做到一旦发生事故能正确快速处理，最大程度避免人身伤害，将损失降到最小
14				已经发生的充换电设施故障和安全事件处理及时，处理结果和记录清晰。安全事件预防应急处置方案有演练和评估
15			电气设备隐患排查及故障维修管理工作落到实处	各类电气设备有定期检查制度，充换电设备、变配电柜设备、照明线路、桩机或线缆、检测设备仪表等保持功能正常。能提供设备、器材配置清单和例行检修记录
16				对发现的安全隐患有排查记录和问题清单，并有处理措施，故障维修不拖延，缺陷整改落到实处
17			建立充换电设施运行实施监控系统及故障处理机制	充换电设施运行状态接入车联网平台，实现故障监测，实施数据有储存记录、有工单管理、运维人员的维护通知发送，与相关车辆运行单位能实现信息互联的安全保障快速联动的机制

续表

序号	类别	检查项目	检查要点	检查内容及标准
18	设备、设施与系统安全运行	充电设备与系统安全运行	保障各类设备电气安全及保护功能处于良好状态	充电设备、配电设备产品符合行业标准要求，电气设备通过产品检测
19				产品安装调试成功；总布置、接线图、设备配置等基础资料齐全；竣工验收合格，产品具有合格证
20				定期对充配电设备的系统控制及保护功能、线缆接口等电气绝缘及隔离防护等安全性能进行检查测试，排除隐患，确保设备性能处于安全工作状态，并做好记录
21			消防及防雷规范符合相关要求	消防管理依据相关标准开展，设备及防护器材齐备
22				设备防雷保护装置符合本地区防雷规范要求，定期检查，保持状态正常
23			充电设施故障监测告警保护功能有效，并开展数据分析和建议	直流充电桩具有故障监测告警功能（声、光、电告警信息），过流保护装置等电气安全保护装置功能正常
24				充电设备具有电池极值设定自动保护功能；充电设备具有输出电压最高值过压保护控制功能；有明确报警阈值；建立有效的告警监测系统过充保护和告警处理机制；监测告警事件有维护处置记录
25				定期开展数据分析，结合实际提出有关运行保障合理化建议或系统升级方案

第二节　安全设施的准备和使用

⊙ 88. 充换电设施运维人员应如何配置安全工器具？

充换电设施运维人员应配备足够数量有效的安全工器具，并配有适量的合格备品。应配置的安全工器具包括但不限于：中帮大头鞋、低帮大头鞋、低压绝缘鞋、安全防护手套、防护眼镜、低压验电笔、绝缘梯、绝缘凳等，建议配置标准见表4-2。

表4-2　　　　　充换电设施运维人员安全用具配备表

序号	用具名称（单位）	配备数量	配备周期		备注
			换电设施操作检修人员	充电系统运维人员	
1	中帮大头鞋（双）	每人一双	12个月		
2	低帮大头鞋（双）	每人一双	12个月		
3	低压绝缘鞋（双）	每人一双		12个月	
4	安全防护手套（副）	每人一副	1个月	1个月	薄、厚各1副
5	防护眼镜（副）	按运维人数的20%配备	损坏后即换		
6	低压验电笔（支）	按运维人数的30%配备	损坏后即换		
7	绝缘梯、凳（副）	有人值守站点每站配备绝缘人字梯、矮凳各1副，无人值守站点不少于10个站1副	损坏后即换		
8	安全帽（只）	每人1只	使用期限：从制造之日起，塑料帽≤2.5年，玻璃钢帽≤3.5年，或损坏后即换		

注　安全帽在使用期满，抽查合格后该批次方可继续使用，以后每年抽验一次。

⊙ 89. 充换电站内应如何配置灭火器材？

根据消防重点部位有可能产生燃烧介质的不同和火灾扑救保护物的特性，充换电站除在建设时配置的自动灭火系统、消防沙坑外，一般应配置以下消防器具：

（1）用于扑灭有机溶剂等易燃液体、可燃气体和电气设备初起火灾的干粉灭火器；

（2）用于扑救电气设备、仪器表及油类等初起火灾的水基型灭火器；

（3）工作人员使用的个人装备，包括防毒面具、消防毯、耐火手套等。

充换电设施消防器具的设置应符合消防部门的规定，并放置在便于取用的位置。定期检查消防器具的放置、完好情况并清点数量，记入相关记录。充换电站消防设施建议配置标准见表4-3。

表4-3　　　　　　充换电站消防设施建议配备表

序号	消防设施及灭火器名称（单位）	充换电站	有人值守集中式充电站	无人值守充电站
		配备数量	配备数量	配备数量
1	灭火毯（块）	不少于5块	不少于5块	不少于1块
2	事故电池紧急掩埋坑或电池专用消防箱（个）	不少于1个	不少于1个	不少于1个
3	手提式干粉灭火器（个）	依据GB 50140—2005《建筑灭火器配置设计规范》要求计算，一个计算单元内的灭火器数量不应少于2个，每个设置点的灭火器数量不宜多于5个。按建筑面积每100平方米配1个5千克手提式干粉灭火器配备		
4	手提式水基型灭火器（个）	每累计100千瓦充电设备宜设置不少于1只9升手提式水基型灭火器或2只6升手提式水基型灭火器；充电设备功率或电池存储量不足上述数量时，按上述要求向上取整计算		
5	推车式水基型灭火器（个）	充电站面积达到500平方米以上，宜设60升推车式水基型灭火器1个。以此类推，每增加500平方米，增加60升推车式水基型灭火器1个，超出面积向上取整进行计算		
6	防火手套（副）	按全站总人数的1/3配备（耐高温1000摄氏度）		不少于1副
7	防毒面具（副）	按全站总人数的1/3配备（60分钟）		不少于1副

⊙ 90. 灭火器应如何放置？

在室内，灭火器不应放置在不易被发现和黑暗的地点，对有视线障碍的灭火器设置点，应设有指示其位置的发光标志，且不得影响安全疏散。灭火器的摆放应稳固，其铭牌应朝外。手提式灭火器宜设置在灭火器箱内或挂钩、托架上，其顶部离地面高度不应大于1.5米；底部离地面高度不宜小于0.08米。灭火器箱不应上锁。灭火器不应设置在潮湿或强腐蚀性的地点，当必须设置时，应有相应的保护措施。灭火器设置在室外时，亦应有相应的保护措施。灭火器不得设置在超出其使用温度范围的地点。

⊙ 91. 如何使用手提式灭火器？

使用手提式灭火器灭火时，可手提灭火器的提把或提圈，迅速奔至距燃烧处约5米左右（清水灭火器约10米左右），放下灭火器，拔出保险销，一手握住灭火器的开启压把，另一只手握住喷射软管前端的喷嘴处或灭火器底圈，对准火焰根部，用力压下开启压把并紧压不松开，这时灭火剂即喷出，操作者由近而远左右扫射，直至将火焰全部扑灭。

⊙ 92. 如何使用推车式灭火器？

使用推车式灭火器灭火时一般需要两个人配合操作。灭火时，应快速将推车式灭火器推至距燃烧处约10米左右，一人迅速展开软管并握紧喷枪对准燃烧物作好喷射准备，另一人开启灭火器，并将手轮开至最大部位。灭火方式应由近而远，左右扫射，首先对准燃烧最猛烈处，并根据火情调整位置，确保将火焰彻底扑灭，使其不能复燃。

⊙ 93. 灭火毯（防火毯）、过滤式防毒面具的用途及使用要求是什么？

灭火毯（防火毯）的特性是扑灭火源，防止火花喷溅。一般用于紧急扑灭火源，迅速逃生使用；也可用于气焊、气割等施工现场对其周围易燃易爆物品的覆盖隔离。

防毒面具应存放在干燥、通风，无酸、碱、溶剂等物质的库房内，严禁重压。防毒面具的滤毒罐（箱）的贮存期为5年（3年），过期产品应经检验合格后方可使用，使用时应遵守以下要求：

（1）使用防毒面具时，空气中氧气浓度不得低于18%，温度为-30~45摄氏度，不能用于槽、罐等密闭容器环境。

（2）使用者应根据其面型尺寸选配适宜的面罩号码。

（3）使用前应检查面具的完整性和气密性，面罩密合框应与佩戴者脸部密合，无明显压痛感。

（4）使用中应注意有无泄漏和滤毒罐是否失效。

（5）防毒面具的过滤剂有一定的使用时间，一般为30~100分钟。过滤剂失去过滤作用（面具内有特殊气味）时，应及时更换。

第三节 充换电操作中的安全注意事项

⊙ 94. 充电操作有哪些安全注意事项？

执行充电操作应严格按照充电桩上的设备操作说明进行操作，操作前检查充电设备和周围环境是否有异常，如发现设备故障、线缆裸露等异常时，应停止充电操作；检查完毕后，在拔插充电插头前须确保手部及插头处干燥，以免发生漏电，并确认充电插头与车辆、充电桩连接牢固后，再启动充电；充电过程中禁止拔下插头，如充电过程中发生故障，应立即按下充电桩上的急停按键。

⊙ 95. 充电设施和整流柜检修操作有哪些安全注意事项？

（1）检修操作人员必须穿低压绝缘鞋，戴低压绝缘手套。

（2）进行拆、装、维修时，应切断对应整流柜和充电设施交流进线侧开关及所有控制开关。

（3）开关断开后，做好验电工作，并采取防止误送电的安全措施，避免充电机内部电容剩余电流危及人身安全。

（4）所使用的工具，不必要裸露的金属部分应做好绝缘包扎处理，以防裸露的金属部分触碰金属机架，造成短路。

（5）对充电设施内部电路板等器件进行清扫时，不得使用任何清洁剂和潮湿抹布。

（6）设备检修完毕通电前，应检查充电装置内部无任何遗留物品，确认输入电压、频率、装置的断路器或熔断器及其他条件都已符合规程或规格要求。

（7）在任何情况下，禁止自行改装、加装和变更任何部件。

⊙ 96. 电池（箱）维修有哪些安全注意事项？

（1）维修电池、电池箱前必须切断电源，确保处于断电状态。

（2）维修人员必须严格按照安规要求，穿低压绝缘鞋、戴低压绝缘手套（薄），必要时需佩戴防护眼镜，做好安全保障工作。

（3）维修人员维修过程中不得佩戴手表、项链、手镯、戒指等金属物（饰）品。

（4）维修所使用的工器具应符合规程要求，与维修无关的裸露金属部分应做好绝缘包扎处理，避免意外伤害。维修工具不得随意放置在电池附近，防止造成短路。

（5）维修现场应宽敞、明亮、通风良好，不得摆放有盛装液体的桶状容器等易影响电池性能的物品。

（6）不得在露天、潮湿阴雨天环境中维修电池箱。

（7）维修实行双人工作制，不得一人单独现场维修，必须配有工作监护人。

⊙ 97. 换电设施检修操作有哪些安全注意事项？

换电设备检修操作时应注意防触电以及工器具配置和使用等方面的安全注意事项，具体包括：

（1）换电设备维修人员必须穿防护大头鞋、必要时戴绝缘手套。

（2）对换电设备进行拆、装维修时，应停电进行，并采取防止误送电的安全措施。

（3）维修所使用的工器具应符合规程要求。

（4）维修时不得一人单独现场维修，必须配有工作监护人。

（5）维修时应做好周围防护措施，除维修人员及监护人员外，不得有其他无关人员靠近设备维修区域。

（6）维修结束后需全面检查工器具是否有遗落在设备上，以及设备周边是否有其他物品，待排查完成后方可上电。

（7）上电后需对换电设备进行测试，监护人应继续做好现场监护。

（8）测试通过后，待维修人员确认维修完成后通知维修监护人，设备投入运行。

⊙ 98. 直流充电过程中发生电池冒烟等异常应如何处理？

在电动汽车直流充电过程中如发生电池冒烟等意外情况，现场操作、监控人员应立即疏散周围人群，按下充电桩急停按钮，并切断充电桩电源、车内的高压电源，将电磁锁开关打开。对能够取出电池的车辆采取措施将电池拉出，使其尽量远离车体，并立即用防火毯将电池罩住，推到消防沙坑旁。如果已发生起火现象，应立即将电池投入沙坑，并用沙子填埋。操作过程中需注意防止电池箱滑出砸伤。对无法取出电池的车辆，在无起火燃烧等剧烈现象前，应由现场人员准备好灭火器材，在安全距离外监视，一旦发生燃烧，应当迅速报警，并积极参加扑救。

⊙ 99. 换电站电池在电池架上发生冒烟等异常应如何处理？

电池在充电或充电架上放置过程中，如果个别电池箱出现高温、冒烟等紧急情况时，电池充电系统运行值班人员应及时切断电路，疏散人员。在条件允许的情况下尽快断开每个箱体之间的连接，将出现问题的箱体隔离，放于空旷的地方，待确定安全稳定后再检查、修复。如果出现冒烟、着火等严重的情况，运行值班人员应戴好防毒面具，及时进行消防灭火处理。如果是充电架下面两层电池事故，在切断充电机电源的情况下迅速将电池从充电架上取出，放在小推车上，并立即用防火毯将电池箱罩住，推到消防沙坑旁。如果已发生起火现象，应立即将电池投入沙坑，并用沙子填埋。如果未发生起火现象，由运行值班长判断处理，并在沙坑旁隔离，由专人看管。对于无法处理的异常情况，应第一时间向上级汇报。

⊙ 100. 充换电设施内的危险品应如何管理?

充换电设施内可能危害人身安全及健康的用品统称为危险用品,包括各类可燃气体、油类、有毒物和酸类物品等。设施内各类危险用品应由专人负责,妥善保管,制定使用规定,专人负责监督使用。其中,各类可燃气体、油类应按产品存放规定的要求统一保管,定期检查,不得散存;对废弃的有毒物要按国家环保部门有关规定保管处理;对使用的酸类物品应有专用库房,配置室内必须有自来水,以防人身伤害事故发生。

第四节　紧急救护注意事项

⊙ 101. 紧急救护的基本原则是什么?

紧急救护的基本原则是在现场采取积极措施,保护伤员的生命,减轻伤情,减少痛苦,并根据伤情需要,迅速与医疗急救中心(医疗部门)联系救治。急救成功的关键是动作快,操作正确。任何拖延和操作错误都会导致伤员伤情加重或死亡。要认真观察伤员全身情况,防止伤情恶化。现场救护时发现伤员意识不清、瞳孔扩大无反应、呼吸、心跳停止时,应立即在现场就地抢救,用心肺复苏法支持呼吸和循环,对脑、心脏等重要器官供氧。心脏停止跳动后,只有分秒必争地迅速抢救,救活的可能才较大。现场工作人员应定期接受培训,学会紧急救护法,掌握正确解脱电源的方法、心肺复苏法、止血、包扎、转移搬运伤员、急救外伤或中毒的急救处理等。生产现场和经常有人工作的场所应配备急救箱,存放急救用品，并应指定专人经常检查、补充或更换。

102. 如何应对触电事故？

发生触电事故后，应首先使触电者迅速脱离电源，把触电者接触的那一部分带电设备的所有断路器（开关）、隔离开关（刀闸）或其他断路设备断开；或设法将触电者与带电设备脱离开。在脱离电源的过程中，救护人员也要注意保护自身的安全。如触电者处于高处，应采取相应措施，防止该伤员脱离电源后自高处坠落形成复合伤。 触电者脱离电源以后，现场救护人员应迅速对触电者的伤情进行判断，对症抢救，同时设法联系医疗急救中心（医疗部门）的医生到现场接替救治。触电急救应分秒必争，一经明确心跳、呼吸停止的，立即就地迅速用心肺复苏法进行抢救，并坚持不断地进行，同时与医疗急救中心（医疗部门）联系，争取医务人员接替救治。在医务人员未接替救治前，不得放弃现场抢救，更不能只根据没有呼吸或脉搏的表象，擅自判定伤员死亡，放弃抢救。与医务人员接替时，应提醒医务人员在触电者转移到医院的过程中不得间断抢救。

103. 如何使发生低压触电事故的触电者脱离电源？

低压电气设备指电压等级1000伏及以下者。当发生低压触电事故时，可采用下列方法使触电者脱离电源：

（1）如果触电地点附近有电源开关或电源插座，可立即拉开开关或拔出插头，断开电源。但应注意到拉线开关或墙壁开关等只控制一根线的开关，有可能因安装问题只能切断零线而没有断开电源的相线。

（2）如果触电地点附近没有电源开关或电源插座（头），可用有绝缘柄的电工钳或有干燥木柄的斧头切断电线，断开电源。

（3）当电线搭落在触电者身上或压在身下时，可用干燥的衣服、手套、绳索、皮带、木板、木棒等绝缘物作为工具，拉开触电者或挑开电线，使触电者脱离电源。

（4）如果触电者的衣服是干燥的，又没有紧缠在身上，可以用一只手抓住他的衣服，拉离电源。但因触电者的身体是带电的，其鞋的绝缘也可能遭到破坏，救护人不得接触触电者的皮肤，也不能抓他的鞋。

（5）若触电发生在低压带电的架空线路上或配电台架、进户线上，对可立即切断电源的，则应迅速断开电源，救护者迅速登杆或登至可靠地方，并做好自身防触电、防坠落安全措施，用带有绝缘胶柄的钢丝钳、绝缘物体或干燥不导电物体等工具将触电者脱离电源。

⊙ 104. 如何使发生高压触电事故的触电者脱离电源？

高压电气设备指电压等级1000伏以上者。当发生高压触电事故时，可采用下列方法使触电者脱离电源：

（1）立即通知有关供电单位或用户停电。

（2）戴上绝缘手套，穿上绝缘靴，用相应电压等级的绝缘工具按顺序拉开电源开关或熔断器。

（3）抛掷裸金属线使线路短路接地，迫使保护装置动作，断开电源。注意抛掷金属线之前，应先将金属线的一端固定可靠接地，然后另一端系上重物抛掷，注意抛掷的一端不可触及触电者和其他人。另外，抛掷者抛出短路线后，要迅速离开接地的金属线 8米以外或双腿并拢站立，防止跨步电压伤人。在抛掷短路线时，应注意防止电弧伤人或断线危及人员安全。

⊙ 105. 触电者脱离电源后，救护者应注意哪些事项？

救护者不可直接用手、其他金属及潮湿的物体作为救护工具，而应使用适当的绝缘工具，最好用一只手操作，以防自己触电。应防止触电者脱离电源后可能的摔伤，特别是当触电者在高处的情况下，应考虑防止坠落的措施。即使触电者在平地，也要注意触电者倒下的方向，注意防摔。救护者也应注意救护中自身的防坠落、摔伤措施。救护者在救护过程中特别是在高处抢救伤者时，要注意自身和被救者与附近带电体之间的安全距离，防止再次触及带电设备。电气设备、线路即使电源已断开，对未做安全措施挂上接地线的设备也应视作有电设备。救护人员登高时应随身携带必要的绝缘工具和牢固的绳索等。如事故发生在夜间，应设置临时照明灯，以便于抢救，避免意外事故，但不能因此延误切除电源和进行急救的时间。

⊙ 106. 触电者脱离电源后，应采用哪些急救方法？

救助人员应根据触电伤员的不同情况，采用不同的急救方法：

（1）触电者神志清醒、有意识，心脏跳动，但呼吸急促、面色苍白，或曾一度休克、但未失去知觉。此时不能用心肺复苏法抢救，应将触电者抬到空气新鲜、通风良好的地方躺下，安静休息1～2小时，慢慢恢复正常。天凉时要注意保温，并随时观察呼吸、脉搏变化。条件允许，送医院进一步检查。

（2）触电者神志不清，无判断意识，有心跳，但呼吸停止或极微弱时，应立即用仰头抬颏法，使气道开放，并进行口对口人工呼吸。此时切记不能对触电者施行心脏按压。如此时不及时用人工呼吸法抢救，触电者将会因缺氧过久而引起心跳停止。

（3）触电者神志丧失，判定意识无，心跳停止，但有极微弱的呼吸时，应立即施行心肺复苏法抢救。不能认为尚有微弱呼吸，只需做胸外按压，因为这种微弱呼吸已起不到人体需要的氧交换作用，如不及时人工呼吸即会发生死亡，若能立即施行口对口人工呼吸法和胸外按压，就能抢救成功。

（4）触电者心跳、呼吸停止时，应立即进行心肺复苏法抢救，不得延误或中断。

（5）触电者和雷击伤者心跳、呼吸停止，并伴有其他外伤时，应先迅速进行心肺复苏急救，然后再处理外伤。

（6）发现高处有人触电，要争取时间及早在高处开始抢救。触电者脱离电源后，应迅速将伤员扶卧在救护人的安全带上（或在适当地方躺平），然后根据伤者的意识、呼吸及颈动脉搏动情况来进行前（1）～（5）项不同方式的急救。应提醒的是高处抢救触电者，迅速判断其意识和呼吸是否存在是十分重要的。若呼吸已停止，开放气道后立即口对口（鼻）吹气2次，再测试颈动脉，如有搏动，则每5秒继续吹气1次；若颈动脉无搏动，可用空心拳头叩击心前区2次，促使心脏复跳。为使抢救更为有效，应立即设法将伤员营救至地面，并继续按心肺复苏法坚持抢救。

（7）触电者衣服被电弧光引燃时，应迅速扑灭其身上的火源，着火者切忌跑动，方法可利用衣服、被子、湿毛巾等扑火，必要时可就地躺下翻滚，使火扑灭。

🔵 107. 心肺复苏的抢救流程是什么，何时可以终止心肺复苏？

（1）心肺复苏的抢救流程见图4-1。

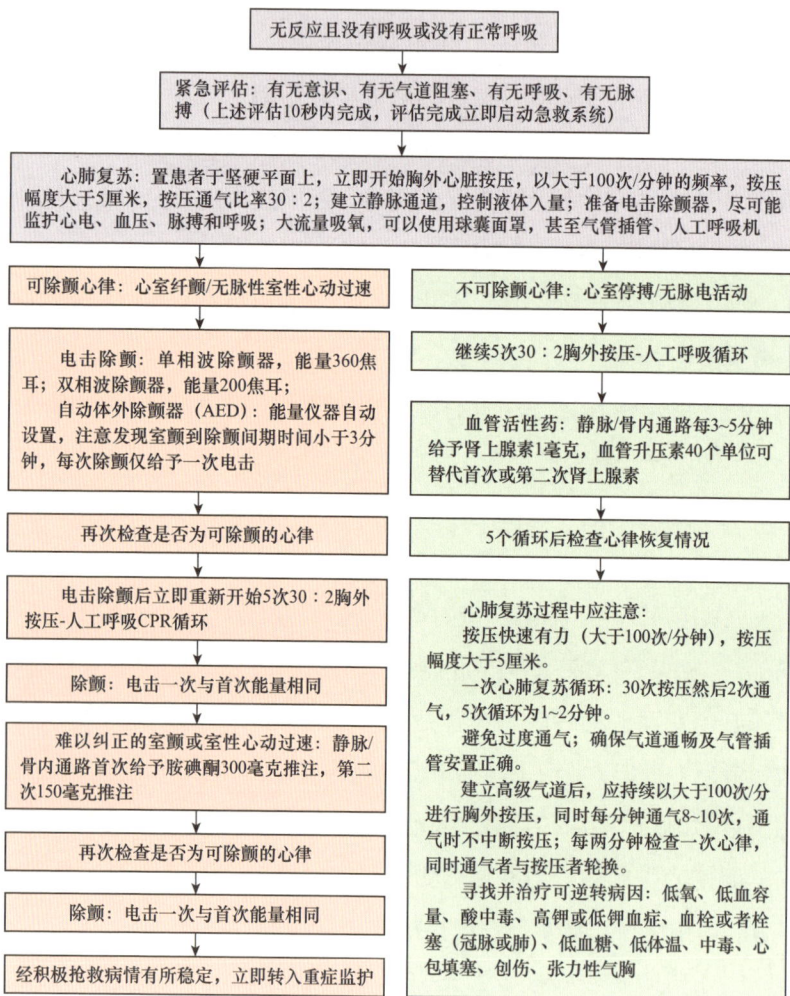

无反应且没有呼吸或没有正常呼吸

↓

紧急评估：有无意识、有无气道阻塞、有无呼吸、有无脉搏（上述评估10秒内完成，评估完成立即启动急救系统）

↓

心肺复苏：置患者于坚硬平面上，立即开始胸外心脏按压，以大于100次/分钟的频率，按压幅度大于5厘米，按压通气比率30∶2；建立静脉通道，控制液体入量；准备电击除颤器，尽可能监护心电、血压、脉搏和呼吸；大流量吸氧，可以使用球囊面罩，甚至气管插管、人工呼吸机

左侧分支：

可除颤心律：心室纤颤/无脉性室性心动过速

↓

电击除颤：单相波除颤器，能量360焦耳；双相波除颤器，能量200焦耳；
自动体外除颤器（AED）：能量仪器自动设置，注意发现室颤到除颤间期时间小于3分钟，每次除颤仅给予一次电击

↓

再次检查是否为可除颤的心律

↓

电击除颤后立即重新开始5次30∶2胸外按压-人工呼吸CPR循环

↓

除颤：电击一次与首次能量相同

↓

难以纠正的室颤或室性心动过速：静脉/骨内通路首次给予胺碘酮300毫克推注，第二次150毫克推注

↓

再次检查是否为可除颤的心律

↓

除颤：电击一次与首次能量相同

↓

经积极抢救病情有所稳定，立即转入重症监护

右侧分支：

不可除颤心律：心室停搏/无脉电活动

↓

继续5次30∶2胸外按压-人工呼吸循环

↓

血管活性药：静脉/骨内通路每3~5分钟给予肾上腺素1毫克，血管升压素40个单位可替代首次或第二次肾上腺素

↓

5个循环后检查心律恢复情况

↓

心肺复苏过程中应注意：
按压快速有力（大于100次/分钟），按压幅度大于5厘米。
一次心肺复苏循环：30次按压然后2次通气，5次循环为1~2分钟。
避免过度通气；确保气道通畅及气管插管安置正确。
建立高级气道后，应持续以大于100次/分进行胸外按压，同时每分钟通气8~10次，通气时不中断按压；每两分钟检查一次心律，同时通气者与按压者轮换。
寻找并治疗可逆转病因：低氧、低血容量、酸中毒、高钾或低钾血症、血栓或者栓塞（冠脉或肺）、低血糖、低体温、中毒、心包填塞、创伤、张力性气胸

图4-1　心肺复苏抢救流程图

（2）何时终止心肺复苏是一个涉及医疗、社会、道德等方面的问

题。不论在什么情况下，是否终止心肺复苏，决定于医生，或医生组成的抢救组中的首席医生，否则不得放弃抢救。遇有高压或超高压电击的伤员心跳、呼吸停止时，更不得随意放弃抢救。

⊙ 108. 急救中如何判断心肺复苏的效果？

心肺复苏术操作是否正确，主要靠平时严格训练，掌握正确的方法，而在急救中判断复苏是否有效，可以根据以下五方面综合考虑：

（1）瞳孔。复苏有效时，可见伤员瞳孔由大变小。如瞳孔由小变大、固定、角膜混浊，则说明复苏无效。

（2）面色（口唇）。复苏有效，可见伤员面色由紫绀转为红润，如若变为灰白，则说明复苏无效。

（3）颈动脉搏动。按压有效时，每一次按压可以摸到一次搏动，如若停止按压，搏动亦消失，应继续进行心脏按压；如若停止按压后，脉搏仍然跳动，则说明伤员心跳已恢复。

（4）神志。复苏有效，可见伤员有眼球活动，睫毛反射与对光反射出现，甚至手脚开始抽动，肌张力增加。

（5）出现自主呼吸。伤员自主呼吸出现，并不意味可以停止人工呼吸。如果伤员自主呼吸微弱，则仍应坚持口对口呼吸。

⊙ 109. 救护者对触电人员实施心肺复苏法时有哪些注意事项？

（1）吹气不能在向下按压心脏的同时进行。吹气节奏应均衡，避免快慢不一。

（2）操作者应站在触电者侧面便于操作的位置，单人急救时应站立在触电者的肩部位置；双人急救时，吹气人应站在触电者的头部，按压心脏者应站在触电者胸部、与吹气者相对的一侧。

（3）人工呼吸者与心脏按压者可以互换位置，互换操作，但中断时间不得超过5秒。

（4）第二抢救者到现场后，应首先检查颈动脉搏动，然后再开始做人工呼吸。如心脏按压有效，则应触及到搏动，如不能触及，应观察心脏按压者的技术操作是否正确，必要时应增加按压深度。

（5）可以由第三抢救者及更多的抢救人员轮换操作，以保证救护者精力充沛、姿势正确。

附录

充电桩常见故障
代码及处理方法

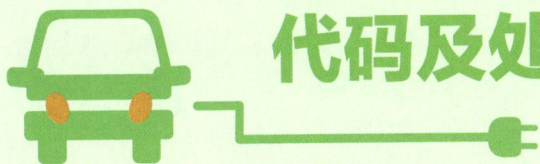

⊙ 1. 直流充电桩常见故障代码及定义是什么？

直流充电桩的常见故障代码有57个，分为严重故障和一般故障，其常见故障代码见附表1-1。

附表1-1　　　　　直流充电桩常见故障代码表

故障代码	故障定义	故障等级
故障代码1	TCU（计费控制单元）与充电控制器通信故障	严重故障
故障代码2	读卡器通信故障	严重故障
故障代码3	电表通信故障	严重故障
故障代码4	ESAM（嵌入式安全控制模块）故障	严重故障
故障代码5	交易记录满	严重故障
故障代码6	交易记录存储失败	严重故障
故障代码7	平台注册校验不成功	严重故障
故障代码8	程序文件校验失败	严重故障
故障代码9	充电中车辆控制导引告警（TCU判断）	一般故障
故障代码10	BMS（电池管理系统）通信异常	一般故障
故障代码11	直流母线输出过压告警	严重故障
故障代码12	直流母线输出欠压告警	严重故障
故障代码13	蓄电池充电过流告警	一般故障
故障代码14	蓄电池模块采样点过温告警	一般故障
故障代码16	急停按钮动作故障	严重故障
故障代码17	绝缘检测故障	严重故障
故障代码18	电池反接故障	严重故障
故障代码19	避雷器故障	严重故障
故障代码20	充电枪未归位	一般故障
故障代码21	充电桩过温故障	严重故障

续表

故障代码	故障定义	故障等级
故障代码22	烟雾报警告警	严重故障
故障代码23	输入电压过压	严重故障
故障代码24	输入电压欠压	严重故障
故障代码25	充电模块故障	一般故障
故障代码27	充电模块风扇故障	严重故障
故障代码28	充电模块过温告警	严重故障
故障代码29	充电模块交流输入告警	严重故障
故障代码30	充电模块输出短路故障	严重故障
故障代码31	充电模块输出过流告警	严重故障
故障代码32	充电模块输出过压告警	严重故障
故障代码33	充电模块输出欠压告警	严重故障
故障代码34	充电模块输入过压告警	严重故障
故障代码35	充电模块输入过压告警	严重故障
故障代码36	充电模块输入缺相告警	严重故障
故障代码37	充电模块通信告警	严重故障
故障代码38	充电中控制导引告警	一般故障
故障代码39	交流断路器故障	严重故障
故障代码40	直流母线输出过流告警	严重故障
故障代码41	直流母线输出熔断器故障	严重故障
故障代码42	直流母线输出接触器故障	严重故障
故障代码43	充电接口电子锁故障	严重故障
故障代码44	充电机风扇故障	严重故障
故障代码45	充电枪过温故障	严重故障
故障代码46	电能表数据校验异常	严重故障

续表

故障代码	故障定义	故障等级
故障代码47	充电机其他故障	严重故障
故障代码48	门禁故障	危急故障
故障代码49	直流输出接触器粘连故障	严重故障
故障代码50	绝缘监测告警	一般故障
故障代码51	泄放回路故障	严重故障
故障代码52	充电桩过温告警	一般故障
故障代码53	充电枪过温告警	一般故障
故障代码54	其他类型故障	严重故障
故障代码55	交流输入接触器拒动/误动故障	严重故障
故障代码56	交流输入接触器粘连故障	严重故障
故障代码57	辅助电源故障	严重故障
故障代码58	并联接触器拒动/误动故障	严重故障
故障代码59	并联接触器粘连故障	严重故障

⊙ 2. 交流充电桩常见故障代码及定义是什么？

交流充电桩的常见故障代码有33个，分为严重故障和一般故障，常见故障代码见附表1-2。

附表1-2　　　　　交流充电桩常见故障代码表

故障代码	故障定义	故障等级
故障代码1	TCU与充电控制器通信故障	严重故障
故障代码2	读卡器通信故障	严重故障
故障代码3	电能表通信故障	严重故障
故障代码4	ESAM故障	严重故障

续表

故障代码	故障定义	故障等级
故障代码5	交易记录满	严重故障
故障代码6	交易记录存储失败	严重故障
故障代码7	平台注册校验不成功	严重故障
故障代码8	文件校验错误	严重故障
故障代码18	急停按钮动作故障	严重故障
故障代码19	避雷器故障	严重故障
故障代码20	充电枪未归位	一般故障
故障代码21	过温故障	严重故障
故障代码22	输入过压告警	严重故障
故障代码23	输入欠压告警	严重故障
故障代码24	充电中车辆控制导引告警	一般故障
故障代码25	交流接触器故障	严重故障
故障代码26	输出过流告警	严重故障
故障代码27	输出过流保护动作	严重故障
故障代码28	交流断路器故障	严重故障
故障代码29	充电接口电子锁故障	严重故障
故障代码30	充电接口过温故障	严重故障
故障代码31	充电连接状态CC（连接确认功能）异常	严重故障
故障代码32	充电控制状态CP（控制导引功能）异常	严重故障

续表

故障代码	故障定义	故障等级
故障代码33	PE（保护接地）断线故障	严重故障
故障代码34	充电中拔枪故障	严重故障
故障代码35	TCU其他故障	严重故障
故障代码36	充电桩其他故障	严重故障
故障代码37	门禁故障	危急故障
故障代码38	充电桩过温告警	一般故障
故障代码39	充电枪过温告警	一般故障
故障代码40	交流输出接触器粘连	严重故障
故障代码41	通用故障和告警	一般故障
故障代码42	其他类型故障	严重故障

⊙ **3. 充电桩TCU与充电控制器通信故障的常见原因有哪些，如何处理？**

充电桩存在TCU与充电控制器通信故障时，液晶屏会显示相应故障代码，见附图1-1。

（1）故障原因：TCU与充电桩控制器之间的控制器局域网络（简称CAN）总线接线松动。

处理方法：检查TCU上CAN总线接线是否压接牢固，若出现松动，需压接牢固。充电桩TCU见附图1-2。

（2）故障原因：CAN总线抗干扰能力不佳或总线匹配电阻有问题。

处理方法：检查总线匹配电阻是否连接可靠，若出现松动需压接牢固。

（3）故障原因：TCU与充电桩控制器双向报文发送异常，TCU发送数据异常或充电桩控制器数据发送异常。

处理方法：检查充电桩控制器通信线屏蔽层是否有效接地。

附图1-1　充电桩TCU与充电控制器通信故障显示界面

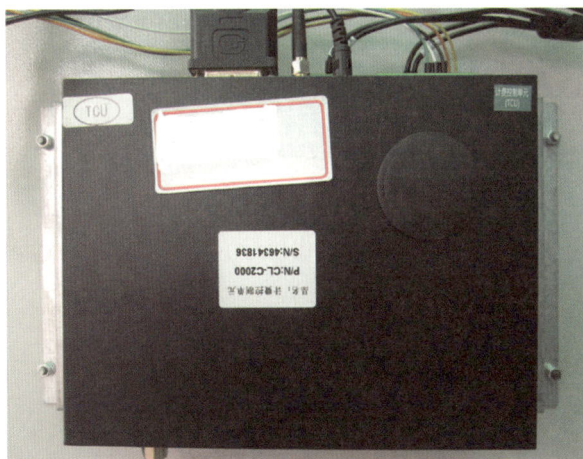

附图1-2　充电桩 TCU

⊙ 4. 充电桩读卡器通信故障的常见原因有哪些，如何处理？

充电桩存在读卡器通信故障，液晶屏会显示相应故障代码。

（1）故障原因：TCU与读卡器接线松动。

处理方法：检查读卡器接线，确认读卡器接线牢固；检查读卡器通信线、屏蔽线接地是否到位。

（2）故障原因：读卡器损坏。

处理方法：更换读卡器。

（3）故障原因：TCU程序运行出错。

处理方法：重启TCU，检查充电桩运行是否恢复正常。

⊙ 5. 充电桩电表通信故障的常见原因有哪些，如何处理？

充电桩电表通信故障，液晶屏会显示相应故障代码。充电桩电表见附图1-3。

（1）故障原因：TCU与电表接线松动或TCU与电表接线存在反接现象。

处理方法：检测TCU与电表的接线情况，若出现松动或反接现象，由检修人员对接线进行更改，及时解决问题。

（2）故障原因：电表通信波特率设置不正确。

处理方法：设置并确认通信比特率为2400bps。

（3）故障原因：电表故障。

处理方法：更换电表。

故障（1）由检修人员直接处理，故障（2）、（3）直接联系设备厂家进行处理。

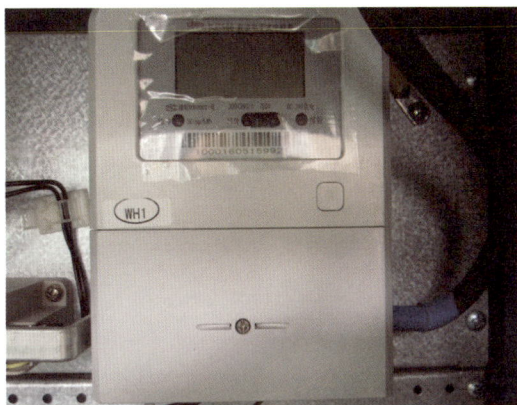

附图1-3 充电桩电表

6. 充电桩ESAM故障的常见原因有哪些，如何处理？

充电桩存在ESAM故障，液晶屏会显示相应故障代码。

（1）故障原因：TCU自身故障。

处理方法：重启TCU，若恢复正常，则可判定为TCU自身故障；若仍旧无法恢复，则可排除TCU故障，需进一步查找其他原因。

（2）故障原因：ESAM芯片损坏。

处理方法：更换ESAM芯片。

检修班组若不具备更换条件（如缺少备品备件），需及时联系厂家进行处理；如若更换时间过长，需先申请充电桩停运。

7. 充电桩交易记录存储过载的常见原因有哪些，如何处理？

充电桩存在交易记录存储过载故障，液晶屏会显示相应故障代码。

（1）故障原因：设备长期处于离线状态。

处理方法：重启TCU，若恢复正常，则可判定为设备长期处于离线状态；若仍无法恢复，则是设备无线信号不正常或其他原因。

（2）故障原因：本地存储地数据量过多，超出闪存存储能力。

处理方法：无线信号恢复正常后，设备上线后将自动上传数据并删除已上传的数据。

此现象很少发生，设备本身的闪存存储空间很大，另外设备也不会处于长期离线状态。

8. 充电桩交易记录存储失败的常见原因有哪些，如何处理？

充电桩存在交易记录存储失败故障，液晶屏会显示相应故障代码。

（1）故障原因：设备闪存数据已存满。

处理方法：检查设备无线信号是否正常，是否处于在线状态；若无线信号正常且设备处于在线状态，则排除设备闪存数据已存满的原因，需进一步查找其他原因。

（2）故障原因：设备闪存损坏。

处理方法：检测设备闪存是否损坏，若设备闪存损坏，需及时联系设备厂家进行更换处理；如若更换时间过长，需先申请充电桩停运，并及时告知用户。

故障原因（1）很少发生，设备不会处于长期离线状态。

9. 充电桩平台注册校验不成功，发生此故障的常见原因有哪些，如何处理？

充电桩存在平台注册校验不成功现象，液晶屏会显示相应故障代码。

（1）故障原因：网络信号存在异常。

处理方法：检查网络信号是否正常通信，及时恢复网络信号。

（2）故障原因：车联网后台存在异常。

处理方法：及时与车联网后台取得联系，确认车联网后台运行正常后，重新对充电桩平台进行注册校验。

10. 充电桩程序文件校验失败，发生此故障的常见原因有哪些，如何处理？

充电桩存在程序文件校验失败，液晶屏会显示相应故障代码。

故障原因：TCU程序被破坏或被篡改，造成TCU程序的校验码与配置文件不符或者库文件版本不对。

处理方法：检查TCU硬件防护是否遭到破坏，若遭破坏请及时处理，并将TCU程序恢复到正常状态。

11. 直流充电桩充电中车辆控制导引告警，发生此故障的常见原因有哪些，如何处理？

直流充电桩存在充电中车辆控制导引告警现象，液晶屏会显示相应故障代码。

故障原因：充电过程中出现控制导引断开故障时，如果充电控制器做出处理，则上报故障代码38（见故障38）；如果充电控制器异常，未处理该故障，则TCU会补充判断，上报本故障；本故障作为故障38的一个补充判断。

处理方法：重启设备，并通报设备厂家。

12. 直流充电桩BMS通信异常，发生此故障的常见原因有哪些，如何处理？

直流充电桩存在BMS通信异常现象，液晶屏会显示相应故障代码。

（1）故障原因：充电枪连接线未连接到位。

处理方法：检查确认车辆充电插口是否插好充电枪。

（2）故障原因：车辆未成功获取充电桩提供的辅助电源。

处理方法：检查辅助电源是否正常，若正常则需查找其他原因。

（3）故障原因：充电枪连接线内部线路出现故障。

处理方法：检查线缆是否损坏，检修人员使用万用表确认充电枪头CC1与PE之间电压是否为6V。

（4）故障原因：电动汽车BMS系统自身故障。

处理方法：建议车主联系车辆厂家检查处理。

（5）故障原因：充电桩和电动汽车的通信协议不匹配。

处理方法：检查充电桩与车辆的通信协议是否兼容，建议车主联系车辆厂家检查处理。

⊙ 13. 直流充电桩直流母线输出过压告警，发生此故障的常见原因有哪些，如何处理？

直流充电桩存在直流母线输出过压告警现象，液晶屏会显示相应故障代码，如附图1-4所示。

故障原因：输出侧输出电压比需求电压大，超出控制器的设定阈值；或充电模块故障，输出失控。

处理方法：检查充电模块运行状态，若模块损坏，检修人员需上报运行管理人员，及时联系设备厂家进行模块更换处理；如若更换时间过长，需先申请充电桩停运，并及时告知用户。

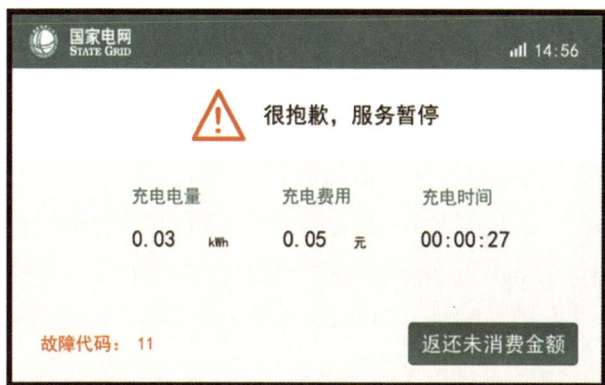

附图1-4 直流充电桩直流母线输出过压告警显示界面

⊙ 14. 直流充电桩直流母线输出欠压告警，发生此故障的常见原因有哪些，如何处理？

直流充电桩存在直流母线输出欠压告警现象，液晶屏会显示相应故障代码。

（1）故障原因：负载过大，导致瞬间输出欠压告警。

处理方法：瞬间输出告警后立即恢复正常的情况，无须处理。

（2）故障原因：充电模块损坏。

处理方法：检查充电模块运行状态，若模块损坏，检修人员需上报运行管理人员，及时联系设备厂家进行模块更换处理；如若更换时间过长，需先申请充电桩停运，并及时告知用户。

⊙ 15. 直流充电桩蓄电池充电过流告警，发生此故障的常见原因有哪些，如何处理？

直流充电桩存在蓄电池充电过流告警现象，液晶屏会显示相应故障代码。

故障原因：充电时电池的电流需求值大于充电桩的设定阈值，引发充电桩控制系统过流保护。

处理方法：

（1）检查充电机模块是否运行正常，若模块损坏，检修人员需上报运行管理人员，及时联系设备厂家进行模块更换处理；如若更换时间过长，需先申请充电桩停运，并及时告知用户。

（2）检查电池运行状态是否正常，建议车主联系车辆厂家进行检查处理。

⊙ 16. 直流充电桩蓄电池模块采样点过温告警，发生此故障的常见原因有哪些，如何处理？

直流充电桩存在蓄电池模块采样点过温告警现象，液晶屏会显示相应故障代码。

故障原因：充电过程中蓄电池温度过高。

处理方法：立即停止充电，结算后拔下充电枪放回原处；等待蓄电池冷却后，再尝试进行二次充电；若频繁出现该故障时，请车主联系车辆生产厂家进行检查处理。

⊙ 17. 直流充电桩急停按钮动作故障，发生此故障的常见原因有哪些，如何处理？

直流充电桩存在急停按钮动作故障，液晶屏会显示相应故障代码，如附图1-5所示。

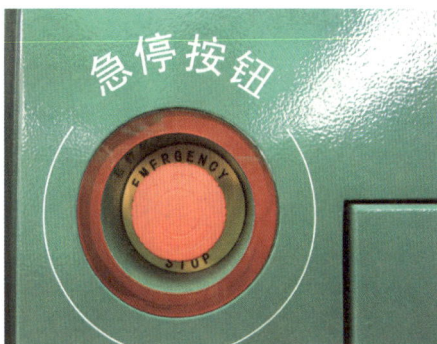

附图1-5　充电桩急停按钮

故障原因：充电桩在正常或紧急情况下被人为按下急停按钮，且按钮一直处于动作状态，未能及时恢复。

处理方法：

（1）向右旋转急停按钮然后松开，即可恢复急停按钮。

（2）由于充电桩设备厂家的不同，急停恢复后，还需检查确认塑壳断路器是否需要人为闭合，部分厂家的充电桩在恢复急停按钮后，还需重新闭合交流断路器，如附图1-6所示。

目前此种现象发生的主要原因是急停按钮被人为恶意按下。

附图1-6　充电桩交流断路器

⊙ 18. 直流充电桩绝缘监测故障，发生此故障的常见原因有哪些，如何处理？

直流充电桩存在绝缘监测故障，液晶屏会显示相应故障代码。

（1）故障原因：绝缘监测模块误报。

处理方法：检修人员重启TCU。

（2）故障原因：绝缘监测模块损坏，如附图1-7所示。

处理方法：检查绝缘监测模块是否正常，若正常则需查找其他原因。

（3）故障原因：充电输出回路对地绝缘损坏。

处理方法：检查充电机柜和充电桩中直流输出回路的绝缘情况，检查是否有明显接地点；故障原因（1）由检修人员直接解决，故障原因（2）、（3）由检修人员去现场确认，再上报运行管理人员，及时联系设备厂家进行处理；如若故障消缺时间过长，需先申请充电桩停运，并及时告知用户。

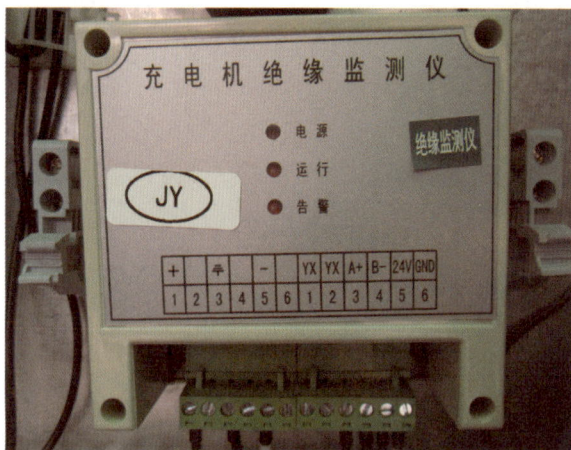

附图1-7　充电机绝缘监测仪

19. 直流充电桩电池反接故障，发生此故障的常见原因有哪些，如何处理？

直流充电桩存在电池反接故障，液晶屏会显示相应故障代码。

（1）故障原因：模块直流输出线反接。

处理方法：检查模块直流输出线是否存在反接，若反接了，则重新接线；若未反接，则是其他故障原因。

（2）故障原因：检测电池反接装置的检测线反接。

处理方法：检查检测电池反接装置的检测线是否反接，若反接了，则重新接线，若未反接，则是其他故障原因。

（3）故障原因：检测电池反接装置损坏或未开启。

处理方法：检查电池反接装置是否损坏或未开启。

在对充电桩进行验收时已确认车辆能正常充电，此种情况极少发生，一般发生于TCU的误报。

20. 充电桩避雷器发生故障，此故障的常见原因有哪些，如何处理？

充电桩存在避雷器故障，液晶屏会显示相应故障代码。

（1）故障原因：接触器前端避雷器出现告警，如附图1-8所示。

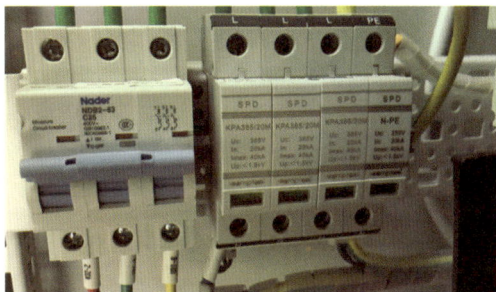

附图1-8 充电桩避雷器

处理方法：检查避雷器安装接触触点，若接触松动，则紧固接触触点；若接触触点未松动，则是其他故障原因。

（2）故障原因：检测避雷器装置损坏。

处理方法：如避雷器损坏，则需更换避雷器。

目前此故障由检修人员去现场确认，再上报运行管理人员，及时联系设备厂家进行处理；如若故障消缺时间过长，需先申请充电桩停运，并及时告知用户。

⊙ 21. 充电桩充电枪未归位，发生此故障的常见原因有哪些，如何处理？

充电桩存在充电枪未归位现象，液晶屏会显示相应故障代码。

（1）故障原因：充电枪未放回充电枪插座。

处理方法：把充电枪放回充电插座，如附图1-9所示。

附图1-9　充电枪

（2）故障原因：放回后充电枪头与插座处于半连接或未完全连接状态。

处理方法：使充电枪头与插座处于完全连接状态。

此故障主要是客户的不规范操作所致，一般由巡视人员在巡视过程中协助解决，客户在二次充电时故障也会解决。

⊙ 22. 充电桩过温故障，发生此故障的常见原因有哪些，如何处理？

充电桩存在过温故障告警现象，液晶屏会显示相应故障代码。

（1）故障原因：充电桩过温保护值设置过低。

处理方法：检查充电桩过温保护设置情况，并调整至合理值。

（2）故障原因：温度传感器处于故障状态。

处理方法：检查温度传感器是否处于正常运行状态，如不正常则为温度传感器故障；如正常则需进一步查找其他原因。

（3）故障原因：散热风扇处于未启动状态。

处理方法：检查散热风扇是否处于正常运转状态。

目前此故障由检修人员去现场确认，再上报运行管理人员，及时联系设备厂家进行处理；如若故障消缺时间过长，需先申请充电桩停运，并及时告知用户。

⊙ 23. 直流充电桩烟雾报警告警，发生此故障的常见原因有哪些，如何处理？

直流充电桩存在烟雾报警告警现象，液晶屏会显示相应故障代码。

（1）故障原因：充电模块烧损，常伴有烟雾。

处理方法：检测充电模块的运行状态，确认烧损模块，并进行更换。

（2）故障原因：充电桩内部电气触头烧损产生烟雾。

处理方法：检测充电桩内部电气的运行状态，确认损坏的器件，并进行更换。

目前此故障由检修人员去现场确认，再上报运行管理人员，及时联系设备厂家进行处理；如若故障消缺时间过长，需先申请充电桩停运，并及时告知用户。

⊙ 24. 直流充电桩输入电压过压，发生此故障的常见原因有哪些，如何处理？

直流充电桩存在输入电压过压现象，液晶屏会显示相应故障代码。

故障原因：充电设备交流输入电压过高。

处理方法：由检修人员进行检查，检查配电系统输入处于正常状态。

⊙ 25. 直流充电桩输入电压欠压，发生此故障的常见原因有哪些，如何处理？

直流充电桩存在输入电压欠压现象，液晶屏会显示相应故障代码。

故障原因：电压检测装置接线松动。

处理方法：由检修人员进行检查，确认电压检测装置接线是否松动，并将电压检测装置接线固定牢靠。

⊙ 26. 直流充电桩充电模块故障，发生此故障的常见原因有哪些，如何处理？

直流充电桩存在充电模块故障现象，液晶屏会显示相应故障代码。

（1）故障原因：急停按钮恢复后，交流塑壳断路器电磁脱扣仍处于脱开状态，未进行手动恢复。

处理方法：检查交流塑壳断路器是否处于闭合状态，如果处于断开状态，需首先断开断路器。

（2）故障原因：充电模块通信线接触不良，如附图1-10所示。

附图1-10　充电模块通信线接触不良

处理方法：检查模块通信线的接线情况，检查是否松动，接触是否良好。

（3）故障原因：充电模块自身处于故障状态，如附图1-11所示。

附图1-11　直流充电桩充电模块

处理方法：检查模块的运行状态，确认模块故障后，更换模块。

检修人员现场确认，若属于故障原因（1）、（2），则由检修人员对故障进行消缺；若属于模块自身故障，则需上报运行管理人员，及时联系设备厂家进行处理；如若故障消缺时间过长，需先申请充电桩停运，并及时告知用户。

⊙ 27. 直流充电桩充电模块风扇故障，发生此故障的常见原因有哪些，如何处理？

直流充电桩存在充电模块风扇故障现象，液晶屏会显示相应故障代码。

故障原因：充电模块单模块硬件故障。

处理方法：更换风扇。

目前此故障由检修人员去现场确认，再上报运行管理人员，及时联系设备厂家进行处理；如若故障消缺时间过长，需先申请充电桩停运，并及时告知用户。

⊙ 28. 直流充电桩充电模块过温告警，发生此故障的常见原因有哪些，如何处理？

直流充电桩存在充电模块过温告警现象，液晶屏会显示相应故障代码。

（1）故障原因：设备长期运行，导致模块内部积污物过多。

处理方法：检查充电模块内部、风道内部及滤网是否有污物积累，并对模块、风道、滤网进行清洗。

（2）故障原因：设备的长时间大功率运行，导致充电模块温度升高。

处理方法：检查模块的运行状态，确认模块运行是否存在问题；若模块运行状态不正常，需更换模块，则由检修人员上报运行管理人员，及时联系设备厂家进行处理；如若故障消缺时间过长，需先申请充电桩停运，并及时告知用户。

⊙ 29. 直流充电桩充电模块交流输入告警，发生此故障的常见原因有哪些，如何处理？

直流充电桩存在充电模块交流输入告警现象，液晶屏会显示相应故障代码。

（1）故障原因：交流输入电源处于断电状态。

处理方法：检查电源接线，使交流电源处于正常供电状态。

（2）故障原因：交流输入电压缺相或过压。

处理方法：检查模块的运行不缺相不过压处于正常状态。

此故障由检修去现场检查确认，并上报运行管理人员，及时联系设备厂家进行处理；如若故障消缺时间过长，需先申请充电桩停运，并及时告知用户。

⊙ 30. 直流充电桩充电模块输出短路故障，发生此故障的常见原因有哪些，如何处理？

直流充电桩存在充电模块输出短路故障，液晶屏会显示相应故障代码。

故障原因：充电模块内部器件损坏；充电桩内部电容器被击穿；充电模块输出侧母线短路。

处理方法：检查确认充电模块的运行状态，并更换模块。

目前此故障由检修人员去现场确认，再上报运行管理人员，及时联系设备厂家进行处理；如若故障消缺时间过长，需先申请充电桩停运，并及时告知用户。

31. 直流充电桩充电模块输出过流告警，发生此故障的常见原因有哪些，如何处理？

直流充电桩存在充电模块输出过流告警现象，液晶屏会显示相应故障代码。

故障原因：充电输出电流大于充电桩控制系统设定的阈值，引发输出过流保护。

处理方法：检查充电模块的运行状态，若模块损坏，则需更换模块。

目前此故障由检修人员去现场确认，再上报运行管理人员，及时联系设备厂家进行处理；如若故障消缺时间过长，需先申请充电桩停运，并及时告知用户。

32. 直流充电桩充电模块输出过压告警，发生此故障的常见原因有哪些，如何处理？

直流充电桩存在充电模块输出过压告警现象，液晶屏会显示相应故障代码。

故障原因：充电模块单模块输出电压过大，引起系统的过压保护动作。

处理方法：检查充电模块的运行状态，若模块损坏，则需更换模块。

目前此故障由检修人员去现场确认，再上报运行管理人员，及时联系设备厂家进行处理；如若故障消缺时间过长，需先申请充电桩停运，并及时告知用户。

33. 直流充电桩充电模块输出欠压告警，发生此故障的常见原因有哪些，如何处理？

直流充电桩存在充电模块输出欠压告警现象，液晶屏会显示相应故障代码。

故障原因：充电模块的控制精度不够或内部器件损坏。

处理方法：检查充电模块的运行状态，若模块损坏，则需更换模块。

目前此故障由检修人员去现场确认，再上报运行管理人员，及时联系设备厂家进行处理；如若故障消缺时间过长，需先申请充电桩停运，并及时告知用户。

34. 直流充电桩充电模块输入过压告警，发生此故障的常见原因有哪些，如何处理？

直流充电桩存在充电模块输入过压告警现象，液晶屏会显示相应故障代码。

故障原因：交流输入电压过高。

处理方法：

（1）检查电源接线，确认交流电源是否处于正常供电状态。

（2）检查充电模块的运行状态，若模块损坏，则需更换模块。

目前此故障由检修人员去现场确认，再上报运行管理人员，及时联系设备厂家进行处理；如若故障消缺时间过长，需先申请充电桩停运，并及时告知用户。

35. 直流充电桩充电模块输入欠压告警，发生此故障的常见原因有哪些，如何处理？

直流充电桩存在充电模块输入欠压告警现象，液晶屏会显示相应故障代码。

（1）故障原因：交流输入电源处于断电状态。

处理方法：检查电源接线，确认交流电源处于正常供电状态。

（2）故障原因：交流输入电压缺相或欠压。

处理方法：检查充电模块处于正常运行的状态，若模块损坏，则需更换模块。

目前此故障由检修人员去现场确认，再上报运行管理人员，及时联系设备厂家进行处理；如若故障消缺时间过长，需先申请充电桩停运，并及时告知用户。

36. 直流充电桩充电模块输入缺相告警，发生此故障的常见原因有哪些，如何处理？

直流充电桩存在充电模块输入缺相告警现象，液晶屏会显示相应故障代码。

（1）故障原因：交流输入电源处于断电状态。

处理方法：检查电源接线，确认交流电源处于正常供电状态。

（2）故障原因：交流输入处于缺相状态。

处理方法：检查充电模块处于正常运行的状态，若模块损坏，则需更换模块。

目前此故障由检修人员去现场确认，再上报运行管理人员，及时联系设备厂家进行处理；如若故障消缺时间过长，需先申请充电桩停运，并及时告知用户。

⊙ 37. 直流充电桩充电模块通信告警，发生此故障的常见原因有哪些，如何处理？

直流充电桩存在充电模块通信告警现象，液晶屏会显示相应故障代码。

（1）故障原因：充电模块通信线路接线松动。

处理方法：检查通信线路的接线情况，若接线松动，由检修人员连接牢固。

（2）故障原因：通信协议不一致。

处理方法：检查通信协议的一致性。

（3）故障原因：充电模块硬件损坏。

处理方法：检查充电模块是否处于正常运行的状态，若模块损坏，则需更换模块。

目前发生此故障的原因（2）、（3）由检修人员去现场确认，再上报运行管理人员，及时联系设备厂家进行处理；如若故障消缺时间过长，需先申请充电桩停运，并及时告知用户。

⊙ 38. 直流充电桩充电中控制导引告警，发生此故障的常见原因有哪些，如何处理？

直流充电桩存在充电过程中控制导引告警现象，液晶屏会显示相应故障代码。

（1）故障原因：充电过程中直接拔出充电枪。

处理方法：重启TCU。

（2）故障原因：充电过程中辅助供电系统出现异常。

处理方法：检查辅助供电系统能正常供电。

（3）故障原因：充电过程中BMS发送数据出现异常；充电桩控制器数据发送出现异常。

处理方法：检查通信协议。

故障原因（1）由检修人员直接解决，故障原因（2）、（3）由检修人员去现场确认，再上报运行管理人员，及时联系设备厂家进行处理；如若故障消缺时间过长，需先申请充电桩停运，并及时告知用户。

⊙ 39. 直流充电桩交流断路器发生故障，此故障的常见原因有哪些，如何处理？

直流充电桩存在交流断路器故障现象，液晶屏会显示相应故障代码。

（1）故障原因：交流断路器处于跳闸状态。

处理方法：检查断路器状态，若属于断路器跳闸，在确认下级设备状态正常后合上交流断路器，如附图1-12所示。

（2）故障原因：交流断路器处于损坏状态。

处理方法：若交流断路器损坏，则需更换交流断路器。

（3）故障原因：交流断路器过流或交流断路器短路。

处理方法：联系设备厂家解决。

故障原因（2）、（3）的情况下，由检修人员去现场确认，再上报运行管理人员，及时联系设备厂家进行处理；如若故障消缺时间过长，需先申请充电桩停运，并及时告知用户。

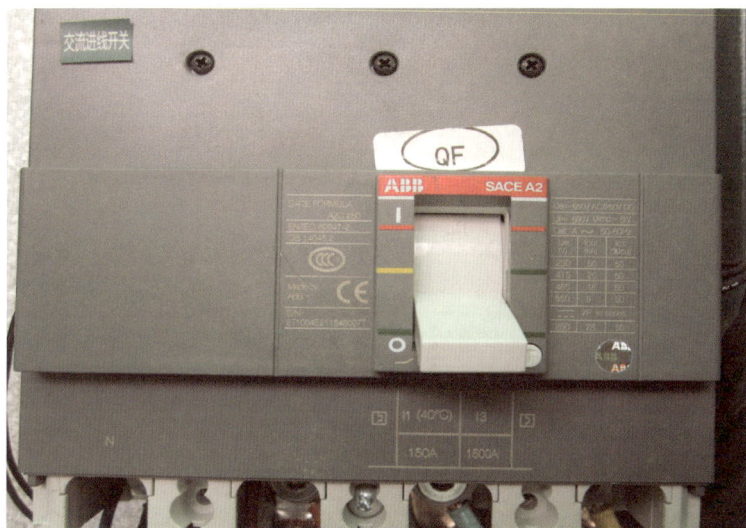

附图1-12 直流充电桩交流断路器

⊙ 40. 直流充电桩直流母线输出过流告警，发生此故障的常见原因有哪些，如何处理？

直流充电桩存在直流母线输出过流告警现象，液晶屏会显示相应故障代码。

故障原因：充电桩输出电流大于系统设定的阈值引发充电桩系统保护动作。

处理方法：

（1）检查电池状态是否正常，建议车主联系车辆厂家进行检查。

（2）检查充电模块运行状态是否正常。

目前此故障由检修人员去现场确认，再上报运行管理人员，及时联系设备厂家进行处理；如若故障消缺时间过长，需先申请充电桩停运，并及时告知用户。

⊙ 41. 直流充电桩直流母线输出熔断器故障，发生此故障的常见原因有哪些，如何处理？

直流充电桩存在直流母线输出熔断器故障现象，液晶屏会显示相应故障代码。

故障原因：下级电路短路导致熔断器保护动作。

处理方法：

（1）检查下级电路系统是否处于正常状态。

（2）检查熔断器是否正常，若熔断器损坏，则需要更换。

目前此故障由检修人员去现场确认，再上报运行管理人员，及时联系设备厂家进行处理；如若故障消缺时间过长，需先申请充电桩停运，并及时告知用户。

⊙ 42. 直流充电桩直流母线输出接触器故障，发生此故障的常见原因有哪些，如何处理？

直流充电桩存在直流母线输出接触器故障现象，液晶屏会显示相应故障代码。

（1）故障原因：直流母线输出接触器触点粘连。

处理方法：检查接触器触点状态是否正常，如附图1-13所示。

（2）故障原因：直流母线输出接触器自身故障。

处理方法：检查接触器是否正常，若接触器损坏，可由检修人员进行更换；检修班组若不具备更换条件（如缺少备品备件），需及时联系厂家进行处理；如若更换时间过长，需先申请充电桩停运。

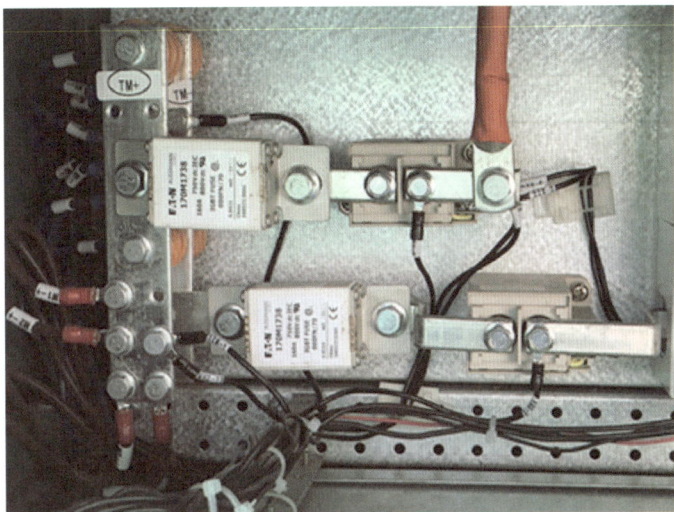

附图1-13 直流充电桩直流母线输出接触器

43. 直流充电桩充电接口电子锁故障，发生此故障的常见原因有哪些，如何处理？

直流充电桩存在充电接口电子锁故障现象，液晶屏会显示相应故障代码。

（1）故障原因：充电枪电子锁损坏。

处理方法：检修人员检查确认电子锁是否损坏，若电子锁损坏，则需更换电子锁。

（2）故障原因：充电枪电子锁驱动信号及回采信号缺失或不正常。

处理方法：检查电子锁驱动信号及回采信号正常。

目前此故障由检修人员去现场确认，再上报运行管理人员，及时联系设备厂家进行处理；如若故障消缺时间过长，需先申请充电桩停运，并及时告知用户。

44. 直流充电桩充电机风扇故障，发生此故障的常见原因有哪些，如何处理？

直流充电桩存在充电机风扇故障现象，液晶屏会显示相应故障代码。

（1）故障原因：风扇开关处于损坏或接触不良状态。

处理方法：检修人员检查确认风扇开关状态，若开关损坏，则需更换开关。

（2）故障原因：风扇自身存在故障。

处理方法：若风扇损坏，则需要更换，如附图1-14所示。

目前此故障由检修人员去现场确认，再上报运行管理人员，及时联系设备厂家进行处理；如若故障消缺时间过长，需先申请充电桩停运，并及时告知用户。

附图1-14　直流充电桩充电机风扇

⊙ 45. 直流充电桩充电枪过温故障，发生此故障的常见原因有哪些，如何处理？

直流充电桩存在充电枪过温故障现象，液晶屏会显示相应故障代码。

故障原因：

（1）人为原因导致充电枪线破损。

（2）充电枪长时间处于大电流充电状态，导致温度过高。

（3）充电接口长时间使用，导致积垢较多，接触电阻变大。

处理方法：此故障需更换枪线，充电枪线可由检修人员进行现场更换，检修班组若不具备更换条件（如缺少备品备件），需及时联系厂家进行处理；如若更换时间过长，需先申请充电桩停运。

⊙ 46. 直流充电桩电表数据校验异常，发生此故障的原因有哪些，如何处理？

直流充电桩存在电能表数据校验异常，液晶屏会显示相应故障代码。

故障原因：电能表电能数据与充电控制器数据校验异常。

处理方法：检查TCU与电能表之间通信连接是否可靠；检查电表与分流器之间连接是否可靠。

⊙ 47. 直流充电桩充电机其他故障，发生此故障的常见原因有哪些，如何处理？

直流充电桩存在充电机其他故障现象，液晶屏会显示相应故障代码。

（1）故障原因：一般情况下，打开充电桩柜门或触动微动开关会出现此故障代码。

处理方法：由巡视人员或检修人员检查充电桩柜门是否正常锁闭，并检查微动开关是否正常，如附图1-15所示。

（2）故障原因：充电机控制器故障判断异常。

处理方法：检查充电机状态是否正常；检查充电控制器状态是否正常。

故障原因（2）的情况下由检修人员去现场确认，再上报运行管理人员，及时联系设备厂家进行处理；如若故障消缺时间过长，需先申请充电桩停运，并及时告知用户。

附图1-15　微动开关

⊙ 48. 交流充电桩急停按钮动作故障，发生此故障的常见原因有哪些，如何处理？

交流充电桩存在急停按钮动作故障，液晶屏会显示相应故障代码。

故障原因：充电桩正常情况下被人为按下急停按钮，且按钮按下后一直没有恢复。

处理方法：恢复急停按钮，向右旋转急停按钮然后松开即可。

⊙ 49. 交流充电桩输入电压过压，发生此故障的常见原因有哪些，如何处理？

交流充电桩存在输入电压过压现象，液晶屏会显示相应故障代码。

故障原因：充电设备的交流输入电压过高。

处理方法：由检修人员进行检查，确认配电系统是否正常。

⊙ 50. 交流充电桩输入电压欠压，发生此故障的常见原因有哪些，如何处理？

交流充电桩存在输入电压欠压现象，液晶屏会显示相应故障代码。

故障原因：电源接线松动或电压检测装置接线松动。

处理方法：由检修人员进行检查，确认电源接线、电压检测装置接线是否松动，并将电压检测装置接线固定牢靠。

⊙ 51. 交流充电桩充电过程中控制导引告警，发生此故障的常见原因有哪些，如何处理？

交流充电桩存在充电过程中控制导引告警现象，液晶屏会显示相应故障代码。

故障原因：车主在充电过程中直接拔出充电枪；充电过程中车辆BMS主动断开充电连接。

处理方法：一般可直接由车主重新插拔充电枪，并启动充电即可解决；此故障也可由巡视人员协助解决。

52. 交流充电桩交流接触器故障，发生此故障的常见原因有哪些，如何处理？

交流充电桩存在交流接触器故障现象，液晶屏会显示相应故障代码。

（1）故障原因：交流接触器控制或状态反馈接线松动。

处理方法：检修人员检查交流接触器控制、状态反馈接线是否松动，若处于松动状态，由检修人员连接牢固。

（2）故障原因：交流接触器处于损坏状态。

处理方法：检修人员确认接触器是否损坏，若损坏，则需要更换。

目前此故障由检修人员去现场确认，再上报运行管理人员，及时联系设备厂家进行处理；如若故障消缺时间过长，需先申请充电桩停运，并及时告知用户。

53. 交流充电桩输出过流告警，发生此故障的常见原因有哪些，如何处理？

交流充电桩存在输出过流告警现象，液晶屏会显示相应故障代码。

故障原因：充电桩输出电流大于系统设定的阈值引发充电桩告警。

处理方法：检查车辆充电需求是否大于充电桩设定的过流告警阈值。

目前此故障由检修人员去现场确认，再上报运行管理人员，及时联系设备厂家进行处理；如若故障消缺时间过长，需先申请充电桩停运，并及时告知用户。

54. 交流充电桩输出过流保护动作，发生此故障的常见原因有哪些，如何处理？

交流充电桩存在输出过流保护动作现象，液晶屏会显示相应故障代码。

故障原因：充电桩输出电流大于系统设定的阈值引发充电桩保护动作。

处理方法：检查车辆充电需求是否大于充电桩设定的过流保护动作阈值。

目前此故障由检修人员去现场确认，再上报运行管理人员，及时联系设备厂家进行处理；如若故障消缺时间过长，需先申请充电桩停运，并及时告知用户。

55. 交流充电桩交流断路器发生故障，此故障的常见原因有哪些，如何处理？

交流充电桩存在交流断路器故障现象，液晶屏会显示相应故障代码。

（1）故障原因：交流断路器处于跳闸状态。

处理方法：检查断路器状态，若属于断路器跳闸，在确认下级设备状态正常后合上交流断路器。

（2）故障原因：交流断路器处于损坏状态。

处理方法：若交流断路器损坏，则需更换交流断路器。

（3）故障原因：交流断路器过流或交流断路器短路。

处理方法：联系设备厂家解决。

目前发生此故障的原因（2）、（3）由检修人员去现场确认，再上报运行管理人员，及时联系设备厂家进行处理；如若故障消缺时间过长，需先申请充电桩停运，并及时告知用户。

◉ 56. 交流充电桩充电接口电子锁发生故障，此故障的常见原因有哪些，如何处理？

交流充电桩存在充电接口电子锁故障现象，液晶屏会显示相应故障代码。

（1）故障原因：充电枪电子锁损坏。

处理方法：检修人员检查确认电子锁是否损坏，若电子锁损坏，则需更换电子锁。

（2）故障原因：充电枪电子锁驱动信号及回采信号缺失或不正常。

处理方法：检查电子锁驱动信号及回采信号正常。

目前此故障由检修人员去现场确认，再上报运行管理人员，及时联系设备厂家进行处理；如若故障消缺时间过长，需先申请充电桩停运，并及时告知用户。

◉ 57. 交流充电桩充电接口发生过温故障，此故障的常见原因有哪些，如何处理？

交流充电桩存在充电接口过温故障现象，液晶屏会显示相应故障代码。

故障原因：人为原因导致充电枪线破损；充电枪长时间处于大电流充电状态，导致温度过高；充电接口长时间使用，导致积垢较多，接触电阻变大。

处理方法：更换充电枪线。

充电枪线可由检修人员进行现场更换，检修班组若不具备更换条件（如缺少备品备件），需及时联系厂家进行处理；如若更换时间过长，需先申请充电桩停运，并及时告知用户。

⊙ 58. 交流充电桩充电连接状态CC异常，发生此故障的常见原因有哪些，如何处理？

交流充电桩存在充电连接状态CC异常现象，液晶屏会显示相应故障代码。

故障原因：车主在充电过程中直接拔出充电枪。

处理方法：一般可直接由车主重新插拔充电枪，并启动充电即可解决，也可由巡视人员协助解决。

⊙ 59. 交流充电桩充电连接状态CP异常，发生此故障的常见原因有哪些，如何处理？

交流充电桩存在充电连接状态CP异常现象，液晶屏会显示相应故障代码。

故障原因：车主在充电过程中直接拔出充电枪或充电过程中车辆BMS主动断开充电连接。

处理方法：一般可直接由车主重新插拔充电枪，并启动充电即可解决，也可由巡视人员协助解决。

⊙ 60. 交流充电桩PE断线故障，发生此故障的常见原因有哪些，如何处理？

交流充电桩存在PE断线故障现象，液晶屏会显示相应故障代码。

故障原因：人为破坏原因导致充电枪接口连接线缆或充电线缆

损坏。

处理方法：此故障需更换充电枪线，充电枪线可由检修人员进行现场更换，检修班组若不具备更换条件（如缺少备品备件），需及时联系厂家进行处理；如若更换时间过长，需先申请充电桩停运，并及时告知用户。

61. 交流充电桩充电中拔枪故障（TCU判断），发生此故障的常见原因有哪些，如何处理？

交流充电桩存在充电过程中拔枪故障现象（TCU判断），液晶屏会显示相应故障代码。

故障原因：充电过程中出现控制导引断开故障时，如果充电控制器做出处理，则上报故障代码24；如果充电控制器异常，未处理该故障，则TCU会补充判断，上报本故障；本故障作为故障24的一个补充判断。

处理方法：可由巡视人员或检修人员重启设备，并通报设备厂家。

目前此故障由检修人员去现场确认，再上报运行管理人员，及时联系设备厂家进行处理；如若故障消缺时间过长，需先申请充电桩停运，并及时告知用户。

62. 交流充电桩TCU其他故障，发生此故障的常见原因有哪些，如何处理？

交流充电桩存在TCU其他故障现象，液晶屏会显示相应故障代码。

故障原因：除通信故障、ESAM故障、交易记录满等原因外其他原因引起的故障。

处理方法：确认设备状态正常后，更换TCU。

目前此故障由检修人员去现场确认，并更换TCU；如若故障消缺时间过长，需先申请充电桩停运，并及时告知用户。

⊙ 63. 交流充电桩充电桩其他故障，发生此故障的常见原因有哪些，如何处理？

交流充电桩存在充电桩其他故障现象，液晶屏会显示相应故障代码。

（1）故障原因：一般情况下，开门或微动开关会出现此故障代码。

处理方法：由巡视人员或检修人员检查充电桩柜门是否正常锁闭。

（2）故障原因：充电机控制器故障判断异常。

处理方法：检查充电机状态是否正常；检查充电控制器状态是否正常。

目前发生此故障的原因（2）由检修人员去现场确认，再上报运行管理人员，及时联系设备厂进行处理；如若故障消缺时间过长，需先申请充电桩停运，并及时告知用户。